T0269185

CAMBRIDGE LIBRARY COLLECTION

Books of enduring scholarly value

Technology

The focus of this series is engineering, broadly construed. It covers technological innovation from a range of periods and cultures, but centres on the technological achievements of the industrial era in the West, particularly in the nineteenth century, as understood by their contemporaries. Infrastructure is one major focus, covering the building of railways and canals, bridges and tunnels, land drainage, the laying of submarine cables, and the construction of docks and lighthouses. Other key topics include developments in industrial and manufacturing fields such as mining technology, the production of iron and steel, the use of steam power, and chemical processes such as photography and textile dyes.

Histoire du Canal du Midi

Officially opened in 1682, the Canal du Midi, designed and built by the engineers Pierre-Paul Riquet and François Andréossy, stretched from Toulouse to the Mediterranean. The present work was written by Andréossy's descendant, Antoine-François Andréossy (1761–1828), a French general and diplomat. A member of the Académie des Sciences, he analyses here the terrain of the south of France to show how and why the canal was built. Notably, the work became known for the author's argument that Riquet had usurped the glory that really belonged to his ancestor. Concluding with original documents from the period of the canal's construction, along with an appendix giving details on the canal's route, the book is reissued here in its first edition of 1800. A second edition appeared in 1804, and a third edition was begun but never completed.

Cambridge University Press has long been a pioneer in the reissuing of out-of-print titles from its own backlist, producing digital reprints of books that are still sought after by scholars and students but could not be reprinted economically using traditional technology. The Cambridge Library Collection extends this activity to a wider range of books which are still of importance to researchers and professionals, either for the source material they contain, or as landmarks in the history of their academic discipline.

Drawing from the world-renowned collections in the Cambridge University Library and other partner libraries, and guided by the advice of experts in each subject area, Cambridge University Press is using state-of-the-art scanning machines in its own Printing House to capture the content of each book selected for inclusion. The files are processed to give a consistently clear, crisp image, and the books finished to the high quality standard for which the Press is recognised around the world. The latest print-on-demand technology ensures that the books will remain available indefinitely, and that orders for single or multiple copies can quickly be supplied.

The Cambridge Library Collection brings back to life books of enduring scholarly value (including out-of-copyright works originally issued by other publishers) across a wide range of disciplines in the humanities and social sciences and in science and technology.

Histoire du Canal du Midi

Connu précédemment sous le nom de Canal de Languedoc

Antoine-François Andréossy

CAMBRIDGE UNIVERSITY PRESS

CAMBRIDGE
UNIVERSITY PRESS

University Printing House, Cambridge, CB2 8BS, United Kingdom

Cambridge University Press is part of the University of Cambridge.
It furthers the University's mission by disseminating knowledge in the pursuit of education, learning and research at the highest international levels of excellence.

www.cambridge.org
Information on this title: www.cambridge.org/9781108073646

This edition first published 1800
This digitally printed version 2014

ISBN 978-1-108-07364-6 Paperback

HISTOIRE

DU

CANAL DU MIDI,

CONNU PRÉCÉDEMMENT

SOUS LE NOM DE CANAL DE LANGUEDOC;

PAR F[s]. ANDREOSSY,

Général de division et Inspecteur - général du Corps de l'Artillerie.

.... *Il che* (le Canal de Languedoc) *si è voluto indicare, perchè si conosca sin dove sj giunto l'umano ingegno nel maneggio delle acque... Il merito di un opera si grande si attribuisce a Pavolo Riquet, ch' eseguir la fece sopra i progetti dell' Andreossy matematico.*

ZENDRINI, Leggi e fenomeni, regolazioni ed usi delle acque correnti; Venezia, 1761, p. 357.

A PARIS,

Chez F. BUISSON, Imprimeur-Lib. rue Hautefeuille, n°. 20.

AN VIII.

AU

GÉNÉRAL BONAPARTE,

PREMIER CONSUL

DE LA RÉPUBLIQUE.

JE présente au PREMIER CONSUL de la République l'histoire du Canal de Languedoc, un des plus beaux monumens du dix-septième siècle. Cet ouvrage amélioré depuis cent ans, demande pour être porté à sa perfection, des travaux du plus grand genre; et sous ce rapport, il est digne de fixer les regards de celui que l'Histoire contemple, duquel l'Europe attend la fin de ses malheurs, et la France son lustre et sa prospérité.

F[s]. ANDREOSSY.

DISCOURS PRELIMINAIRE.

Objet des communications intérieures par le moyen des canaux, et inventions qui ont préparé la construction des canaux navigables modernes.

Si la force des armes est le premier soutien de la puissance d'un empire, l'agriculture, le commerce et la navigation sont les bases de sa prospérité. L'une compagne de la gloire l'est aussi de la considération au dehors; mais du sein des autres découlent au dedans les sources fécondes des richesses et du bonheur. Dans un état d'une vaste étendue, les productions de la terre varient avec la température; et c'est à cette diversité de produits, comme à leur plus ou moins grande abondance, que les échanges nationaux et le commerce avec l'étranger doivent leur origine et leur établissement. Des ports que la nature a disposés elle-même sur les rivages des mers, ou que l'art y a pratiqués à grands frais, offrent à la vérité des points de rapprochement et de communication entre les peuples; mais si l'intérieur manque de mouvement et de circulation, les denrées se consomment à vil prix sur le sol qui les a vu naître; l'agriculture est sans activité, le commerce sans énergie, et toutes les branches d'industrie languissent dans la stagnation et le découragement.

Les communications intérreures donnent le mouvement et la vie à l'agriculture, au commerce, à l'industrie; elles mettent à l'abri des hasards les trajets par mer, principalement en tems de guerre, où les périls ordinaires dans les navigations le long des côtes, sont encore augmentés par les tentatives de l'ennemi pour bloquer les ports, et par ses nombreux armemens, auxquels les bâtimens marchands ne peuvent pas toujours échapper. D'un autre côté les transports par terre sont coûteux; ils enlèvent un grand nombre d'hommes et de chevaux à l'agriculture et à la guerre, détériorent les routes et absorbent des sommes immenses. Les assurances viennent encore en accroître les frais. Les marchandises d'un volume considérable se voiturent avec difficulté, et les approvisionnemens des ports et des frontières nécessitent de prodigieuses dépenses.

Le cabotage et la navigation des rivières remédieroient à la plupart de ces inconvéniens, si l'état physique de ces canaux dont la nature a si bien ménagé les directions et les pentes, n'était extrêmement négligé. Des îles et des basfonds embarrassent le cours des rivières; des sables et des terres amoncelées forment des obstacles a leur embouchure. Les chemins tracés pour le hâlage disparaissent, et les inondations comme les eaux trop basses, enchaînent également la navigation. D'un autre côté la mer a ses contrariétés, ses dangers même; les atterrages des côtes ne sont pas toujours sûrs, et l'inconstance des élémens a fait échouer plus d'une fois l'entreprise la mieux concertée.

Les canaux artificiels font disparaître une partie des inconvéniens que nous venons de détailler. Les eaux des sources rassemblées et emmagasinées au sommet des montagnes, fournissent à la navigation dans les tems de pénurie. Un manœuvrage aussi sûr que prompt et facile, rejette les eaux surabondantes et n'admet que les eaux nécessaires. On évite par le moyen des canaux, les barres qui se forment à l'embouchure des rivières dans la mer. Les droits perçus le sont avec équité, et ne sont point onéreux. Les produits de la terre et de l'industrie, répandus avec facilité, portent l'abondance et l'activité sur tous les points du territoire. Troupes, artillerie, vivres, fourrages, tout arrive avec célérité; le soldat n'est point excédé des fatigues d'une marche forcée, et il vole au combat avec ardeur.

La topographie du terrain à laquelle la construction des canaux est subordonnée, offre en même tems une idée exacte du systême de navigation d'une contrée, d'un grand pays, et embrasse même celle de plusieurs états.

On sait qu'outre les grandes mers qui séparent l'ancien et le nouveau continent, il y a encore des mers méditerranées qui forment des golfes, des presqu'îles, des isthmes, etc. Quelques-unes de ces mers communiquent avec l'Océan par des détroits; toutes reçoivent des rivières considérables. Les golfes que forment ces mers intérieures les rapprochent dans beaucoup d'endroits de l'Océan, et ne laissent qu'une langue de terre entre deux; de là ces isthmes qu'on a essayé de creuser afin de se rendre directement d'une mer à l'autre, et d'éviter un circuit toujours fort long, et souvent dangereux pour la navigation.

On ne connaît guères en fait d'entreprise de ce genre, que le projet de jonction des golfes qui resserrent l'isthme de Corinthe, qu'on ait tenté d'effectuer en ouvrant un canal dans cet isthme. La communication directe de la mer Rouge à la Méditerranée à travers l'isthme de

Suez, était impraticable à raison des dunes élevées qui se trouvent à l'orient de Péluse. Nous ignorons si cette communication était établie par un canal dérivé du Nil vers la mer Rouge, ou bien de la mer Rouge vers le Nil (1). On doit attendre avec impatience le résultat des opérations qui ont été entreprises à l'armée d'Egypte, pour decider cette grande question.

Lorsque le relief du terrain n'a pas permis de faire de simples canaux de dérivation ou d'épuisement, comme en Hollande qui est un pays plat et uni, et en général dans tous les terrains bas et voisins de la mer, alors on a imaginé de joindre deux golfes opposes, en combinant les cours des rivières avec les pentes du terrain. Ce genre de communication qui a eu le plus heureux succès,

---

(1) Il nous serait peut-être facile de prouver par des considérations générales, et par des faits, que le canal de Suez devait être dérivé du Nil vers la mer Rouge; mais nous ne voulons pas anticiper sur les résultats qu'on aura sans doute obtenus.

est celui que nous avons principalement en vue, et le canal du midi nous en offrira l'exemple le plus instructif.

Les presqu'îles peuvent être considérées dans ce cas-ci, comme des isthmes d'une très-grande longueur, et l'objet de la communication d'une côte à l'autre est absolument le même que celui des isthmes. Il s'agit en général, d'abréger une longue navigation, ou un chemin par terre trop considérable, et de vivifier les provinces intérieures en leur procurant des débouchés.

Les montagnes, les rivières et les mers qui forment presque par-tout les limites et la défense naturelle des peuples, leur donnent néanmoins la facilité d'établir entre eux les communications intérieures dont nous venons de parler, et de former ce systême général de navigation, qui rapproche non seulement les provinces les plus éloignées d'un état, mais encore des pays divers. On en saisira facilement l'ensemble sur une carte, en faisant attention a la position des mers méditerranées entre elles, ou par rapport à l'Océan ; en examinant les cours des grandes rivières, et sur-tout ces plateaux et ces crêtes de montagnes qui sont autant de points de partage. Les sources des rivieres qui y prennent leur origine, ne sont pas bien éloignées les unes des autres, et vont ensuite par différentes pentes, arroser des provinces ou des pays différens, et porter le tribut de leurs eaux à des mers opposées, ou à des fleuves qui se rendent à ces mers.

Le terrain que parcourt une rivière diminue de pente, à mesure que les eaux s'éloignent de leur source. Les récipiens coulent dans la plus grande partie de leur cours, entre deux chaînes principales, et les affluens entre deux contreforts. Au sortir des montagnes, quelques rivières restent encaissées, et leurs bords sont un peu élevés ; d'autres se divisent en plusieurs bras jusqu'à leur embouchure, sur un terrain qui n'a presque point de pente, et y prennent une grande extension. En Italie, l'on a resserré la plus grande partie de ces eaux, en les contenant par des digues. Le terrain traversé par ces digues, est un terrain d'alluvion dont la formation est moins ancienne que celle des montagnes, et des collines secondaires. Dans le nord de l'Italie, la ligne de l'origine des digues passe à Guastalla, Mantoue, Véronne, et devrait aller prendre les eaux à l'issue des Alpes Noriques et Juliennes, parce que ces montagnes se terminent par des pentes brusques et rapides. On ne verrait point alors le Tagliamento s'étendre en largeur sur un espace d'environ 2922 mètres (1,500 toises), depuis sa sortie des montagnes jusqu'à l'origine des digues, tandis qu'il n'a que 97^{m},22 (50 toises) de largeur entre ces mêmes digues.

On peut réduire les canaux à quatre espèces qui sont déterminées par la nature des terrains que nous venons de décrire, et ou ils se trouvent établis.

En remontant de la mer vers la crête des montagnes, on trouve d'abord *les canaux destinés à porter à la mer les écoulemens des plaines marécageuses,* que la pente naturelle du terrain favorise. Dans la basse Adige, le Canal-Blanc reçoit les écoulemens des plaines marécageuses du Véronais, appelées *Valli-Veronesi ;* et aux environs de Rome, le canal qui longe la *Via-Appia*, sert de décharge aux fossés d'écoulement qu'on a pratiqués pour restaurer les marais Pontins (1).

2°. *Les canaux de même genre ; mais supérieurs aux plaines, aux rivières et à la mer :* tels sont ceux de la Batavie, qui sont destinés à recevoir les eaux d'épuisement des terrains connus sous le nom de *Polders*, dont le plan se trouve plus bas que la superficie de la basse

---

(1) On trouve quelques vestiges de l'ancien canal indiqué par Strabon au livre V ; Horace, satyre V, dit y avoir navigué. Les marais Pontins ont été desséchés par les soins de Pie VI, en recreusant le canal dont nous venons de parler, et en rétablissant les ponts dont était traversée la *Via-Appia*, pour donner passage aux eaux des fossés d'écoulement qui se rendaient dans le canal de décharge.

mer

mer et des fleuves ; mais les premiers travaux pour délivrer la terre des eaux stagnantes, sont absolument les mêmes que ceux de l'article précédent.

3°. *Les canaux dérivés des rivières :* Ces canaux sont tracés dans les vallées, et dans le sens de leur longueur. En Egypte, le Bahar-Jouzef et le canal de Suez étaient des canaux dérivés : les canaux de la Brenta, de l'Adda et du Tesin, en Italie, sont également des canaux dérivés.

4°. Enfin, *les canaux en terrain élevé*, qui font la communication de deux récipiens principaux, ou de deux affluens, en conduisant ces canaux sur les pentes d'une chaîne principale, ou d'un contrefort. Le canal du Centre, tracé sur les montagnes du département de Saône et Loire (la Bourgogne) qui sont une des appendices des Vosges, joint les deux rivières dont ce département porte le nom; et le canal du Midi, creusé partie sur la pente d'une grande vallée, partie sur le revers d'un contrefort, communique de la Méditerranée à la Garonne.

La troisième espèce de ces canaux rentre dans la quatrième ; car les canaux dérivés peuvent être regardés comme une des branches des canaux en terrain elevé.

Les canaux de la première espèce, ou canaux d'écoulement, ne présentent aucune difficulté.

Pour se faire une idée exacte des canaux de la deuxième espèce, ou canaux d'épuisement, nous allons examiner de quelle manière se forment, aux embouchures des grands fleuves, les terres basses et voisines d'une mer sujette au flux et reflux.

Les barres que l'on voit aux embouchures des rivières, sont dues au transport des sables, des terres, du limon, par les eaux de la mer et des rivières. Ces barres correspondent à la ligne du repos des deux mouvemens opposés, qui portent les eaux d'un fleuve vers la mer, et les eaux de la mer vers les côtes. Les barres s'exhaussent par les depôts successifs des crues. Ces dépôts parviennent insensiblement au niveau des crues ordinaires, et enfin s'élèvent au dessus de ce niveau, après une crue extraordinaire. Lorsqu'une pareille crue coïncide avec une grande marée, la circonstance est la plus favorable, et c'est ce qui est arrivé en 1440, lors de la rupture des digues de la Meuse, qui amena la formation du *Bies-Boos ;* ou bien dans une mer qui n'est point sujette au flux et reflux, lorsque le vent bat en côte, et qu'il survient un orage ou une fonte de neiges dans les montagnes. Cet exemple est très-fréquent dans la partie de l'Italie que baigne le Tibre. Ce fleuve enflé par le *sirocco* ou vent de sud-est, et par les neiges de l'Apennin, produit des inondations qui sont le fléau de la campagne de Rome.

Dès qu'on peut être assuré d'avoir pendant plusieurs années, sur les plages plates de la mer du Nord, un pareil terrain d'alluvion exempt d'être inondé, la main des hommes s'en empare, et par des travaux convenables, l'environne de cette ceinture de digues qui devient une barrière contre l'envahissement des eaux.

Les travaux dont nous venons de parler, consistent à présenter au mouvement des eaux des obstacles mobiles et isolés, afin de produire, par l'effet des remous formés derrière ces obstacles, des eaux mortes qui deposent les troubles dont elles sont chargées, et y forment des atterrissemens pareils à ceux qui s'élevent par les mêmes causes, derrière les épis construits sur les rivières pour garantir et restaurer leurs bords.

On lie ensuite ces digues partielles, et on y établit des écluses. C'est ainsi que la plupart des îles de la Zélande sont sorties du sein des eaux (1). Il a fallu, pour rendre le terrain de ces îles propre à la culture, y pratiquer des saignées,

---

(1) Les armes de la Zélande qu'on remarque sur les monnaies, peignent parfaitement l'état physique du pays. On y voit un lion à demi-plongé, et cherchant à s'élever au dessus des eaux, avec cet exergue. *Luctor et emergo.*

et élever les eaux au dessus de leur niveau, afin de pouvoir les faire écouler dans la mer à marée basse, en ouvrant les portes des écluses. On appelle *polders* les terres ainsi coupées de canaux, au dessèchement desquelles on travaille depuis le printems jusqu'à la fin de l'automne, en y appliquant des moulins d'épuisement ; car, pendant l'hyver, les terres restent sous les eaux des pluies.

L'aptitude à la patience, qui est le caractère distinctif du Batave, les vues sages et économiques de ce peuple jadis si industrieux et si florissant, le font veiller avec le plus grand soin, et par des moyens dont quelques-uns sont aussi simples qu'ingénieux, à l'entretien et à la conservation de ces fameuses digues qui sont la sauve-garde d'un pays de beaucoup inférieur au niveau de la mer. Malheur à ce pays, si les dissensions intestines venaient à l'agiter, et en armant les citoyens les uns contre les autres, livraient ce chef-d'œuvre de l'industrie humaine à l'effet des manœuvres de coupables vengeances !

Les canaux en terrain élevé, doivent leur perfection aux progrès de l'architecture hydraulique. On dérive ceux-ci des rivières, ou on les alimente par des eaux vives, rassemblées dans les parties supérieures au point le plus élevé, qu'on nomme *point de partage*, parce que de là, les eaux coulent sur deux pentes différentes. Les *écluses* servent à soutenir les eaux dans ces pentes, et les *ponts-aqueducs*, à donner passage aux eaux sauvages ou aux affluens : les canaux en terrain élevé peuvent également servir à l'arrosement et au flottage.

Tous ces genres de travaux ont été suivis avec succès par les Hollandais, et sur-tout par les Italiens. Les premiers sont obligés, comme nous l'avons vu, d'agir sans cesse pour conserver une contrée qu'ils ont conquise sur la mer. Les seconds n'ont rien à craindre de la fureur de cet élément; leur pays ne domine que trop la Méditerranée, l'Adriatique et le Pô, et c'est dans son sein qu'il recèle son ennemi le plus dangereux. La topographie d'un pays ainsi constitué, jointe à la circonstance du renouvellement des lettres, dut réserver aux Italiens l'avantage de faire de grands progrès dans la science du mouvement des eaux; et c'est encore à eux que l'on doit les découvertes et les premiers monumens qui ont préparé la construction moderne des canaux navigables.

L'Italie bornée au nord par les Alpes, et traversée dans toute son étendue par l'Apennin qui n'est pas bien éloigné de ses côtes, n'ayant point de chaînes de montagnes parallèles, est coupée par une quantité prodigieuse de torrens qui se jettent dans les rivières principales, ou dans la mer, en suivant les pentes des montagnes où ils prennent leurs sources. Le besoin de garantir ses propriétés d'un élément toujours actif, et souvent impétueux, contraignit à chercher les moyens de le contenir et de le diriger. Il fut resserré entre des levées;

on lui traça d'autres routes; on lui marqua de nouvelles embouchures, et les villes et les héritages voisins des rivières et des torrens furent garantis, en grande partie, des ravages qui accompagnent les inondations. Des plaines immenses furent conquises sur les eaux, ou rendues à la culture par des saignées pratiquées avec intelligence. On fit servir au même but, les sables, les terres, le limon que les eaux détachent des montagnes, et qu'ils entraînent dans leur cours. L'Arno, le bas-Pô et d'autres rivières se sont formées, comme le Nil, un lit dans leurs propres alluvions; et l'on a vu s'élever insensiblement, à l'embouchure du Pô, les belles et fertiles plaines de la *Mesola*, comme les dépôts de l'Arno ont produit *la val-di-Chiana*. Les terres basses et voisines de la mer, doivent leur origine aux mêmes causes; c'est ce que *Guglielmini* a si bien exprimé en disant que dans les vallées, *les terres* dont nous venons de parler, *sont filles des alluvions des rivières*.

Mais les troubles que charient les rivières, faisant naître des atterrissemens dans les réservoirs où elles se rendent, les Vénitiens, aux seizième et dix-septième siècles, détournèrent avec grand soin de leurs lagunes, la Brenta, la Piave, la Livenza et d'autres torrens qui y formaient journellement des dépôts. C'est à l'occasion de ces travaux essentiels, qu'est née la théorie des ensablemens de la Méditerranée. Dans des tems bien antérieurs, les Etrusques en creusant les célèbres Fosses Philistines (1), procurèrent le dessèchement des marais qui avoisinaient le bas-Pô. Les Gaulois devenus maîtres de l'Italie, et ne connaissant de la guerre que ses désordres,

---

(1) Le Mincio et le Tartaro réunis, portaient le nom de *Fosses Philistines;* ils traversaient anciennement les *Valli-d'Ostiglia,* et arrivaient à la mer à l'endroit où l'Adige débouche maintenant. Du tems des Romains, le Mincio fut rejeté dans le Pô par Q. Curius Ostilius, fondateur d'Ostiglia.

Bertazzolo, Discorso sopra il sostegne di Governolo; Mantova, 1609, page 31, éd. 35.

laissèrent revenir les choses dans leur premier état. Les Romains, après avoir chassé les Gaulois, rétablirent les anciens canaux et en creusèrent de nouveaux. L'Italie dévastée sur la fin du quatrième siècle, tomba dans la nuit de la barbarie. Ces ténèbres se dissipèrent dans le onzième siècle ; on vit pour lors les villes de Lombardie s'attacher à construire des canaux de navigation et d'arrosement, et porter par ce moyen, l'abondance et la félicité dans des endroits jusqu'alors privés d'une circulation indispensable. Il étoit difficile qu'on pût établir un système de navigation dans un pays où il fallait traverser une multitude d'états; aussi l'on préféra, dans la suite, l'avantage de l'irrigation des terres à celui du commerce, et la communication avec la mer n'exista plus. Les plus célèbres mathématiciens d'Italie ne dédaignèrent point de s'occuper de ces divers objets. Ils furent souvent pris pour arbitres dans les contestations qui s'élevaient, au sujet des eaux, entre les souverains de cette contrée, et ils tirèrent de leurs observations et de leurs expériences, des règles qui servirent non seulement à élever l'édifice de la science, mais, en quelque sorte, à le poser sur une base solide.

Il ne faut pas se dissimuler cependant, que si la diversion des rivières d'Italie a contribué à assainir et à procurer à la culture, une grande étendue de pays qui était souvent inondée, la rectification du cours de ces rivières, en amenant l'exhaussement du fond de leur lit, et par conséquent l'élévation de leurs eaux, n'ait entraîné de graves inconvéniens : aussi voyons-nous aujourd'hui, les rivières diguées d'Italie suspendues au dessus des plaines latérales, comme les eaux de la mer le sont sur les côtes de la Batavie; et les unes et les autres inspirer la plus grande crainte sur la conservation de ces pays, menacés à chaque crue ou à chaque grande marée, de se voir submergés.

Aux beaux jours de l'Italie, l'architecture hydraulique, comme les autres arts, prit un accroissement rapide. Les écluses à doubles portes, d'abord employées sur les rivières, devinrent dans la suite, d'une application plus étendue. Les eaux nécessaires à une navigation artificielle, enchaînées et réglées dans les canaux, au moyen des écluses, des retenues d'eau, des ponts-aqueducs, et d'autres inventions non moins intéressantes, donnèrent une nouvelle vie au commerce, et les canaux d'arrosement procurèrent aux campagnes la plus grande fertilité. Ainsi cette branche importante de l'hydraulique, facilita les transports en tout genre; elle rendit à l'air la salubrité qu'il avoit perdue par l'odeur infecte des marécages, et elle aida un sol ingrat ou brûlé par l'ardeur du soleil, à se parer de productions abondantes.

Des inventions dont nous venons de parler, les acqueducs sont la plus ancienne. Les romains en avoient construit de très-beaux en Italie et dans les Gaules;

mais leur usage se bornoit à amener de l'eau à une ville, pour le besoin des habitans de leurs nouvelles colonies. La première application qu'on en aït fait aux canaux navigables, remonte seulement à l'année 1460; car, en cette année, on fit passer le canal de la Martesana sur le torrent de Molgora, à l'aide d'un pont-aqueduc de 3 arches de 19^{m}, 484 (60 pieds) d'ouverture (1).

Quoique les aqueducs tels qu'ils ont d'abord été construits, ne dussent servir à aucune navigation, on voit pourtant qu'ils ont pu être l'idée-mère des ponts-aqueducs qu'on a adaptés par la suite, aux canaux navigables. Par exemple, dans le Midi, le pont du Gard (2), ou-

---

(1) Frisi, Traité des rivières et des torrens, p. 203.

(2) Nous lisons dans des observations sur les antiquités de Nismes : « qu'on attribue cet aqueduc à » Agrippa qui l'éleva lorsqu'il vint dans l'Occitanie, » 19 ans avant la naissance de J. C. On sait qu'il » prenait le titre de *curator perpetuus aquarum*. Les » masses étonnantes qu'on a employées à construire » cet aqueduc, ainsi que les autres antiquités de » Nismes, ont fait croire que les romains avaient le

vrage des Romains, servait non seulement à faire franchir aux eaux des fontaines d'Eure et d'Airan, près d'Uzés, le vallon qui s'opposait à leur conduite, mais encore à laisser un libre cours à la rivière de Gardon qui coule entre les deux montagnes. Ainsi cette idée se rapproche infiniment de celle des ponts-

» secret de fondre la pierre; cependant, à l'examen » des carrières de Barutel et de Roquemalière, on » voit, à la forme des coupes, qu'elles en ont été » tirées. »

J'ignore si les Romains connaissaient le secret de fondre la pierre, et cela n'a aucune apparence de probabilité; mais ils pouvaient avoir celui de la couler, c'est-à-dire, de mettre dans des moules une espèce de mortier susceptible de prendre corps par la dessication spontanée dans l'air, ou même quoique plongé dans l'eau. Le beton employé de nos jours en offre un exemple frappant. Une méthode analogue, pratiquée en Italie, a été décrite par Guglielmini ou par Zendrini. Elle est très-simple, et consiste à couler un mélange indiqué dans des sillons creusés dans les champs. Il en résulte des prismes triangulaires qu'on laisse exposés pendant plusieurs mois à l'air libre; ils y acquièrent une si grande consistance qu'on peut les employer dans les travaux sous l'eau. Les revêtemens des jetées du Pô devant Plaisance, ne sont faits qu'avec cette pierre artificielle.

aqueducs construits dans les canaux navigables modernes; il ne fallait que donner à cette idée une légère extension, pour l'appliquer aux ouvrages dans lesquels ils sont d'une si grande utilité. Une telle perfection, quelque légère qu'elle puisse paraître, exigeait le coup d'œil du génie, et nous avons déjà observé que c'est aux Italiens qu'elle était due.

Le quinzième siècle vit encore paraître en Italie, une autre découverte qu'on peut regarder comme le plus grand pas qui ait été fait dans l'architecture hydraulique. Ce sont les *écluses* inventées et exécutées pour la première fois, suivant Zendrini, sur la Brenta, près de Padoue, l'an 1481, par deux ingénieurs de Viterbe, dont les noms ne nous sont point parvenus (1). Aucun ouvrage connu n'avait pu suggérer l'idée de celui-là. Cette invention est fondée

---

(1) Zendrini, Leggi e fenomeni regolazioni ed usi delle acque correnti, cap. 12.

sur ces deux principes : que l'eau se met toujours de niveau dans deux vases qui communiquent par une ouverture quelconque, et qu'un corps spécifiquement plus léger que le fluide dans lequel il est plongé, reste toujours à la surface, soit que le fluide s'élève ou qu'il s'abaisse.

Le second de ces deux principes ne peut apporter aucun changement à la forme, ni à la manœuvre des écluses. En Hollande, presque tous les sas d'écluses sont oblongs; sur le canal de Bruxelles, ils sont à pans coupés; dans le canal du Midi, ils sont généralement elliptiques. Quant à la manœuvre, on a cru entrevoir une économie, en construisant les écluses du canal de Narbonne, et une partie de celles du canal du Centre, sur le même plan, mais toujours d'après les mêmes principes. On a supprimé les empèlemens, et pour en tenir lieu, on a pratiqué dans les bajoyers, et à côté des portes de défense, des tambours cilindriques dont la partie supérieure s'évase s'évase en forme de cône tronqué. Cette partie reçoit un tampon qu'on lève et qu'on baisse, par le moyen d'une bascule dont le point d'appui est placé au dessus du couronnement du mur. L'éperon est évidé en forme d'arceau, pour donner entrée dans le sas aux eaux qui passent par le tambour, et viennent syphoner sous cet arceau; ce qui fait qu'elles y arrivent sans force d'impulsion, et sans occasionner par conséquent de secousses aux barques destinées à monter dans la retenue supérieure.

On voit que ce mécanisme n'a rien de bien particulier; car pourvu que les eaux de la retenue supérieure passent dans le sas, et s'y mettent de niveau, n'importe de quelle manière elles y arrivent. Mais en ne pratiquant point des empèlemens aux portes, il n'est pas douteux qu'elles ne durent plus long-tems : il reste à savoir si cette économie compensera l'intérêt du surplus des frais de construction qu'entraîne le nouveau modèle?

Les plans inclinés ou passelis, comme

on en voit sur les rivières traversées par des digues, ont dû être les premiers moyens qu'on a employés pour descendre d'un niveau supérieur à un niveau inférieur. Mais pour remonter d'un niveau à l'autre, on s'est vu forcé de mettre en usage des moyens mécaniques, ou des agens, tels que les hommes, les animaux. On peut employer les écluses à plans inclinés, aux petits canaux dans lesquels l'eau demande à être ménagée. J'ai vu une de ces écluses à Horn, capitale de la Nord-Hollande; elle est formée de deux plans inclinés qui s'appuient l'un contre l'autre. Un cabestan horizontal correspond à l'arête, que forment à leur contact les deux plans inclinés; il porte à chacun de ses tourillons, une grande roue à tambour dans laquelle un homme marche; une corde armée de crochets à ses extrémités, s'enroule autour du cabestan, et sert à faire monter les bateaux chargés de marchandises. Dans ce systême de canaux, il n'y a point de perte d'eau causée par la manoeuvre. L'américain Robert Fulton entraîné par l'idée de l'économie de l'eau, a voulu réduire en systême les petits canaux (1), par conséquent les écluses dont nous venons de parler, et il a pensé que dès ce moment l'on renoncerait aux écluses à sas. Il se sert d'un mécanisme assez ingénieux, pour faire remonter les bateaux le long des plans inclinés ; mais les moyens qu'il emploie, exigent une consommation d'eau que l'auteur évalue au cinquième de celle qu'occasionnent les écluses à doubles portes. Si les idées de Fulton qui ont paru avoir quelque crédit lorsqu'il les a publiées, étaient généralement suivies, il est aisé de voir que ce seroit rétrograder vers l'enfance de l'art.

Les écluses exécutées, les retenues d'eau s'en suivaient nécessairement ; car l'eau arrêtée dans un canal naturel ou artificiel par un obstacle quelconque

(1) Recherches sur les moyens de perfectionner les canaux de navigation, et sur les nombreux avantages des petits canaux ; par Robert Fulton. Paris, an 7.

qui le traverse, doit s'élever à la hauteur de l'obstacle, s'il survient assez d'eau pour cela : ainsi les écluses à doubles portes, ou écluses de navigation, donnent une plus grande profondeur d'eau au dessus de l'endroit où elles sont situées, et facilitent par une manœuvre très-simple, le passage de la retenue supérieure à la retenue inférieure ; c'est sur ce dernier objet principalement que porte la beauté et l'élégance de cette invention

Quoiqu'il paraisse d'après les rapports de quelques voyageurs modernes, que les écluses à doubles portes étaient connues à la Chine (1) avant d'être

---

(1) M. T. Nieuhoff, qui avait été à la suite des embassadeurs des Provinces-Unies vers l'empereur de la Chine, dans sa relation imprimée à Leyde en 1665, dit : « J'ai compté au canal de Tun un grand nombre » d'écluses bâties de pierres carrées ; chacune d'icelles » a une porte par laquelle entrent les navires ; on les » ferme avec des ais fort grands et fort épais ; puis les » ayant levés par le moyen d'une roue et d'une ma- » chine, avec beaucoup de facilité, on donne passage » à l'eau et aux navires, jusqu'à ce qu'on les ait fait » passer par la seconde, avec le même ordre et la même » méthode, et ainsi pour toutes les autres, etc. ».

pratiquées en Italie, je ne pense pas que les italiens puissent être regardés comme

---

Nieuhoff venait de quitter la Hollande où il avait vu la manœuvre simple et aisée des écluses dans les canaux dont ce pays est arrosé ; il trouve que dans celles du grand canal de la Chine, la manœuvre se fait *avec beaucoup de facilité ;* les Chinois savent donc non seulement ce que c'est que le redoublement des écluses ; mais encore ils en ont pratiqué d'une espèce qui leur est propre, et qui n'ont de commun avec les nôtres que la simplicité des moyens. L'on peut aussi rapporter en faveur de ce témoignage, celui du père Lecomte ; il dit, page 154, édit. de 1698, à Amsterdam, en parlant des petits canaux de la Chine : « Il » n'y a point de semblables écluses dans le grand » canal, parce que les barques de l'empereur qui sont » grandes comme nos vaisseaux, n'y sauraient être » élevées à force de bras, et se briseraient infailli- » blement. »

L'opinion générale est que le canal de Tun, ou grand canal de la Chine, a été entrepris en 1289. Les écluses dont parle Nieuhoff ont-elles été pratiquées sur ce canal pendant sa construction, ou bien lui sont-elles postérieures ? C'est ce qu'il n'est pas aisé de décider ; car on ne trouve aucune trace de l'existence de ces écluses, ni dans les relations des anciens voyageurs qui ont pénétré à la Chine par terre, ni dans les voyageurs plus récens. L'époque de la construction des écluses en Italie est plus certaine, puisque d'après l'assertion de Zendrini, cette invention a paru pour la première fois en 1481, et que d'après les témoignages irrécu-

plagiaires, et je crois qu'ils en ont aussi eu l'idée de leur côté.

En effet, vingt ans s'étaient à peu près écoulés depuis la découverte dont nous venons de parler, lorsque Léonard de Vinci (1), ce peintre également né pour les sciences et pour s'illustrer dans son art, imagina d'appliquer les écluses aux canaux dérivés de l'Adda et du Tésin; il généralisa en quelque sorte l'idée de ses prédécesseurs; et les deux canaux furent rendus navigables en 1497. Je ne vois en cela que la marche ordinaire du génie, inventant pour le besoin des

---

sables de l'Histoire, Léonard de Vinci en a fait l'application aux canaux dérivés de l'Adda et du Tésin, en 1497, c'est-à-dire, environ vingt ans après l'exécution de la première idée. Nous venons de voir que les écluses on été inventées en Italie dans le quinzième siècle, et il n'a été question de celles des Chinois que dans le dix-septième. D'après cela, si l'autorité de Nieuhoff et celle du père Lecomte ne sont point suspectes, nous pouvons conclure ainsi que nous l'avons avancé dans le texte, que les Chinois et les Italiens ont pu inventer chacun de leur côté.

(1) Léonard de Vinci, né au château de Vinci près de Florence, en 1443, mort à Fontainebleau en 1520.

circonstances, et n'appercevant que longtems après, les rapports que ces découvertes peuvent avoir avec des objets d'une utilité plus relevée. L'idée de Léonard de Vinci a facilité la construction des canaux navigables, et a servi à les multiplier; elle doit être mise au rang de ces idées heureuses d'autant plus intéressantes, qu'elles sont d'une utilité plus générale.

Enfin, ce fut sur la fin du seizième siècle, que les ingénieurs hollandais imaginèrent, ou au moins appliquèrent aux embouchures de leurs canaux, les écluses qu'on emploie pour soutenir les eaux de la mer et des rivières, et qui servent à contrebalancer les différentes pressions, qui proviennent des variations des hauteurs d'eau occasionnées par les crues ou par les marées (1).

Parmi les plus belles applications qu'on ait fait, des découvertes dont nous venons

(1) Simon-Stevin, célèbre ingénieur des Provinces-Unies, cité par Bélidor, Architecture hydraulique, tome III, page 53.

de parler, le canal du Midi est peut-être l'ouvrage le plus considérable et le plus parfait que l'on connaisse; il établit la communication des deux mers à travers un pays qui touche d'une part au Rhône, et de l'autre à la Garonne.

En jetant les yeux sur la carte de la France, on voit la partie méridionale de ce vaste état resserrée au pied des Pyrénées entre le golfe de Lyon et celui de Gascogne, et le terrain s'élevant graduellement du bord des deux mers, parvenir à l'ouest de Castelnaudary, à plus de 200^{m} (100 toises) au dessus de leur niveau. C'est cet intervalle qu'il a fallu franchir, en cheminant sur ces deux pentes depuis la Méditerranée jusqu'à la Garonne, et mettant en usage tout ce que l'art des grandes conceptions, une connoissance très-étendue des détails, et la science de l'architecture hydraulique, ont pu fournir de ressources, pour porter à sa perfection un des plus beaux ouvrages qui existent en ce genre.

The material originally positioned here is too large for reproduction in this reissue. A PDF can be downloaded from the web address given on page iv of this book, by clicking on 'Resources Available'.

HISTOIRE

DU

CANAL DU MIDI.

CHAPITRE PREMIER.

Projet du Canal du Midi déduit de la considération des cours d'eau du pays, ou topographie du canal du Midi.

LA construction du canal du Midi m'a paru tenir à quelques considérations particulières, qui méritaient d'être senties et recherchées par les auteurs qui ont parlé de cet ouvrage, ou qui en ont traité expressément. Persuadé que le génie ne se livre à des méthodes rigoureuses, que lorsqu'il possède l'ensemble de son sujet, j'ai examiné si le mécanisme de la conduite des eaux pour le projet du canal du Midi, ne pouvait pas dépendre d'un principe simple, lumineux, et qui trouvât son application dans les moindres parties relatives à ce grand ouvrage. J'ai cru l'appercevoir dans ces formes constantes du terrain indiquées par le cours des rivières et des ruisseaux, ce qui n'est autre chose que la topographie de ce même terrain. Cela m'a conduit à exposer que l'examen seul des cours d'eau du pays a pu faire embrasser tout à la fois dans un projet aussi étendu, la possibilite de l'exécution, l'ensemble et les détails. Les résultats auxquels ces considérations vont nous amener, serviront à retracer la marche des inventeurs, qui dans quelque genre que ce soit, nous est rarement transmise; et je ne pense pas qu'on ait encore envisagé la description du canal du Midi sous ce point de vue. Des considérations sur les lagunes et sur les étangs de l'intérieur des terres, completteront ce premier apperçu. Je joindrai à ces apperçus généraux, l'analyse du tracé et des ouvrages d'art du canal du Midi, et des recherches sur les moyens d'augmenter le volume de ses eaux pour la navigation; je traiterai du régime de son administration, et je revendiquerai pour le véritable auteur du projet et de la construction de ce grand ouvrage, la gloire qui lui est si bien due.

Lorsqu'il ne s'agit que de dériver un canal d'une riviere, il est rare qu'on rencontre des difficultés assez grandes pour qu'on ne puisse les surmonter. Mais lorsqu'un canal projeté ne peut être alimenté par l'un de ses points extrêmes; qu'il s'agit de déterminer le point le plus élevé entre ceux là; qu'il faut rassembler les eaux des sources éloignées pour les amener à ce point, et de là leur faire prendre leur direction vers des seuils (1) différens; qu'il s'agit sur-tout de former des réserves d'eau pour les tems de sécheresse; alors le problême se complique, et le projet est d'autant plus intéressant, qu'on est obligé dans une étendue de terrain plus considérable, de combiner avec plus de sagacité les cours des rivières avec les pentes et les accidens du terrain.

La fixation du point de partage dépend de deux considérations essentielles; il faut prendre ce point le plus bas possible, relativement aux différentes directions qu'on peut donner au canal, afin de diminuer les chûtes, et par conséquent le nombre des écluses, d'où il résultera une plus grande économie, tant pour la construction que pour la dépense des eaux; il faut en second

---

(1) On appelle *seuils* les points extrêmes d'une navigation artificielle.

lieu, que ce point de partage fournisse lui-même la quantité d'eau nécessaire pour alimenter le canal, ou qu'il soit dominé par des montagnes, d'où l'on puisse tirer et conduire jusqu'à lui cette même quantité d'eau. Mais il faut observer que, relativement à cette dernière circonstance, le premier des deux principes que je viens d'exposer demande à être restraint, dans le cas où l'origine des eaux nécessaires à une navigation artificielle, serait trop élevée par rapport au point de partage; car alors il faudrait modérer leur pente par des écluses, de sorte que l'on tomberoit en amont du point de partage, dans le même inconvénient qu'on voulait éviter dans les parties d'aval, en fixant ce point à l'endroit le plus bas.

Le département de Saône et Loire offre un point de partage naturel; l'étang de Long-Pendu situé près de Mont-Cenis, donne naissance à deux rivières, la Dehune et la Bourbince, dont l'une se jette dans la Saône, et l'autre coule vers la Loire; cet étang est dominé par sept autres petits étangs qui versent dans celui-là. La réunion de toutes ces eaux, et celle de deux ou trois petites rivières, ont été jugées suffisantes pour un canal qui joindra la Saône à la Loire, et qui établira une nouvelle communication de l'Océan avec la Méditerranée.

On trouve dans les Vosges un autre point de partage naturel. L'étang de Voidecone, au nord de Plombières, verse d'une part, dans la Saône, par la rivière de Cône, et de l'autre dans la Mozelle, par la Niche.

Dans le canal du Midi, le point de partage n'a pas été aussi aisé à reconnaître et à fixer. Les uns ont fait dépendre sa détermination de *l'heureuse indication* d'une fontaine, dont les eaux venant à se partager, coulaient, partie vers l'orient, partie vers l'occident (1); comme si dans un projet aussi profondément conçu, on pouvait conclure sur un fait d'aussi peu d'importance, que c'était là que devait être le point de partage. D'autres ont voulu qu'on ait sans autre examen, nivelé en tout sens jusqu'à ce qu'on ait trouvé le point le plus élevé entre les deux mers. Mais on ne songe point que dans une grande entreprise, l'horizon n'est pas assez vaste pour l'homme à fortes conceptions; qu'avant d'avoir recours aux pratiques exactes de la géométrie, il faut considérer les objets par grandes masses : les

---

(1) Bâville, Mémoires de Languedoc.

méthodes sûres confirment l'apperçu général que le génie seul peut saisir, et que la réflexion développe ensuite.

Essayons de mettre en avant quelques observations, qui vont nous guider dans les recherches que nous nous sommes proposés de faire.

L'inspection attentive du cours des eaux fournit toujours une idée exacte du terrain; elle donne à l'esprit la facilité de saisir l'ensemble d'un pays, en le fixant sur les différentes masses dont il est composé, et qui sont indiquées par les cours des ruisseaux et des rivieres. Les eaux étant soumises à des principes invariables, qui sont la pesanteur et la constante mobilité de leurs parties; elles ont dû dans l'origine, suivre les routes que leur offrait la déclivité du terrain, ou vaincre les obstacles qui les empêchaient de s'abandonner à ces pentes particulières et générales, qui favorisaient leur écoulement vers les récipiens principaux et vers la mer. Ainsi le cours des eaux donne le figuré du terrain, et c'est aussi à lui que nous aurons recours pour juger de la topographie de ce même terrain, et de ses divers accidens.

Les rivières et les ruisseaux prennent leurs sources dans les montagnes; là leur cours est subordonné à la pente et à la direction des vallons dans lesquels ils coulent, et qu'ils ont eux-mêmes successivement déterminé : une fois parvenus dans les plaines, la constante mobilité des parties de l'eau exige que les rivières et les ruisseaux se portent vers l'endroit le plus bas des plaines qu'ils arrosent. D'un autre côte, il n'y a point de rivière un peu considérable, qui ne reçoive dans son cours d'autres rivières, ou des ruisseaux plus ou moins volumineux. Ces eaux leur viennent des parties latérales; leurs sources doivent par conséquent, avoir une certaine élévation par rapport à leurs embouchures.

On voit par là que lorsque deux grandes rivières coulent dans le voisinage l'une de l'autre, et à peu près dans la même direction, quoiqu'elles n'aient pas leurs embouchures dans la même mer, il arrive toujours que le terrain a la même pente que chacune des rivières qui le traverse, et qu'entre elles il existe une chaîne de montagnes plus ou moins considérable, qui suit la même direction.

Il résulte de ce que nous venons de dire, que pour descendre de la pente générale d'une rivière à celle d'une autre rivière, il faut nécessairement couper ou traverser l'arête qui les sépare.

Cela posé, en jetant les yeux sur la carte des bassins du midi de la France, on ne peut qu'être frappé de la disposition des grandes rivières qui en reçoivent toutes les eaux; l'Ariège, la Garonne et le Tarn d'un côté; de l'autre, l'Aude, le Rhône, et la partie de la mer comprise entre les embouchures de ces deux rivières : telles sont les limites qui circonscrivent la partie où l'on a creusé le canal, et qui déterminent la configuration du terrain qu'elles enferment.

La position de ces rivières les unes par rapport aux autres, indique visiblement que la plus grande partie des eaux qui les alimentent, ou qui se rendent directement à la mer, vient d'une chaîne de montagnes qui doit s'élever dans l'intérieur du pays. Ces montagnes existent effectivement; elles sont une des branches de la chaîne du Vivarais qui s'étendent à l'ouest : cette branche porte dans presque tout le ci-devant Languedoc le nom de *Montagne-Noire*.

Pour nous rapprocher du projet dont il est ici question, nous observerons que ce qu'on appelle proprement la *Montagne-Noire*, forme à l'extrémité de l'adossement des montagnes

tagnes du ci-devant Vivarais, une chaîne assez longue, mais sur-tout fort étroite, comprise entre les eaux du Fresquel et celles de la Tore, torrent qui se jette dans l'Agoût.

Maintenant, c'est en examinant avec attention et en comparant les cours de ces grandes rivières, que nous en déduirons la pente du terrain vers les deux mers, et par conséquent la fixation du point de partage.

Nous observerons d'abord que la rivière d'Aude a dans son cours deux directions très-marquées; l'une du sud au nord depuis sa source jusqu'à Carcassonne; et l'autre de l'ouest à l'est, depuis Carcassonne jusqu'à son embouchure. La seconde partie du cours de la rivière d'Aude, nous donne évidemment la pente du terrain vers la Méditerranée, à compter depuis Carcassonne; mais cette pente commence plus à l'ouest. En effet, l'Ariège et l'Aude prennent leurs sources dans les Pyrénées; elles coulent toutes deux à peu près du sud au nord, et dans le voisinage l'une de l'autre; la direction de l'arête qui les sépare doit être aussi du sud au nord; par conséquent des deux pentes vers ces rivières, l'une doit aller à l'est et l'autre à l'ouest : la pente vers la Méditerranée doit donc commencer à l'ouest de Carcassonne, et aller joindre la pente générale de la fin du cours de la rivière d'Aude.

La pente vers l'Océan, ou plutôt vers la Garonne, se déduit des mêmes considérations, puisque les circonstances sont absolument les mêmes. On voit effectivement que les affluens de l'Ariège, et même une partie de ceux de la Garonne qui vont aboutir au dessous de Toulouse, ont leurs sources vers le sommet de l'arête dont nous venons de parler, où les affluens de la première partie de l'Aude prennent également leur origine. Voilà donc deux pentes, l'une du côté de la Méditerranée et l'autre du côté de l'Océan, dont la rencontre est comprise entre des limites assez rapprochées; le point de partage peut donc être regardé comme déterminé.

Nous observerons en outre qu'entre la seconde partie de la rivière d'Aude et le Tarn, il doit exister une chaîne de montagnes dont la direction est la même que celle de ces rivières, et qui doit par conséquent être rencontrée par la chaîne qui vient du sud au nord; c'est précisément ce qui détermine le coude que forme la rivière d'Aude, en prenant sa pente vers la Méditerranée. Le Tarn ayant sa direction de l'est à l'ouest, et la Garonne à peu près du sud au nord, le point de confluence de ces deux rivières se trouve sur la droite du prolongement de l'adossement compris entre le Tarn et l'Aude; ainsi cet adossement se présente en travers à la Garonne. Les avances angulaires se trouvant à l'extrémité de la pente générale, et conséquemment sur un plan peu incliné, doivent se terminer sous une forme obtuse, et en quelque sorte arrondie; et cet adossement à l'endroit où il se termine, doit avoir des versans du côté de la Garonne, comme il en a du côté des autres rivières vers lesquelles ses autres faces sont tournées : cette dernière circonstance se trouve tout près de Revel. Les deux rivières de Laudot et de Sor ont leurs directions de l'est à l'ouest; ce qui ne pourrait pas être si la *Montagne-Noire* ne se terminait point dans cette partie, puisque sa direction étant dans ce sens, elle ne peut verser ses eaux que par les pentes qui sont perpendiculaires à sa direction, c'est-à-dire vers le nord et vers le sud. De plus le ruisseau de Laudot tourne au nord et va se joindre au Sor, ce qui prouve que la masse de montagnes qui sépare ces deux rivières dans la direction de l'est à l'ouest, se termine à cet endroit.

Il suit de là qu'on pouvait profiter de ces deux ruisseaux, en arrêtant leurs eaux par une chaussée lorsqu'elles commençaient à entrer dans la plaine, et qu'elles participaient encore à cette grande pente qu'ont les rivières dans les vallons; il n'y avait ensuite qu'à les détourner dans un lit qui suivît l'arrondissement de la montagne, en donnant à ce lit la pente et la direction nécessaires pour les faire aller au point de partage, pourvu que la disposition du terrain le permît : nous allons faire voir que la chose devait paraître possible.

Si l'on examine le cours des eaux au nord de la Montagne-Noire, on verra que depuis les montagnes du ci-devant Vivarais jusqu'à la Garonne, toutes ont leurs directions vers cette rivière, par conséquent la pente du terrain doit être dans le même sens; la plaine située au pied de la Montagne-Noire doit donc participer à cette pente générale. Ce plan de pente n'est qu'une portion de celui qui s'étend depuis le plateau de la Suisse jusqu'à l'Océan, et sur lequel reposent les montagnes de la Suisse, celles du ci-devant Vivarais en seconde ligne, et les adossemens de ces dernières, qui vont par plusieurs branches se terminer vers la Garonne. Car on sait qu'outre la hauteur absolue d'une montagne, le sol sur lequel elle s'élève a lui-même une hauteur plus ou moins considérable au dessus du niveau de la mer; ces montagnes présentent dans leur profil des pentes et des contre-pentes, et laissent entr'elles des intervalles qui forment le passage de la pente générale de la chaîne en première ligne, à la contre-pente des montagnes en seconde ligne. Ces dernières qui ne peuvent point participer à la pente générale, sont brusques, rapides, et rendent les rivières qui y coulent autant de torrens : c'est ainsi que la Cèze, l'Ardêche, le Gardon et les autres rivières qui descendent dans le Rhône par la contre-pente des montagnes du ci-devant Vivarais, ont un cours très-borné, s'enflent par les moindres pluies, et charient beaucoup de matières grosses.

Outre les adossemens dont nous avons parlé, il y a sur le même plan de pente, et au devant de la Montagne-Noire, une chaîne de collines de nature différente, mais qui n'appartient en aucune manière à la Montagne-Noire; c'est l'extrémité de l'arête qui vient du sud au nord, et dont le revers qui regarde la Garonne, est situé sur le plan de pente générale, puisque les eaux qui suivent le revers de cette montagne se rendent à ce fleuve. Cette arête n'est qu'un de ces adossemens, ou contreforts, qui font sur les côtés d'une chaîne principale un angle aigu avec sa direction ; et pour le dire en passant, l'arête dont il est ici question forme dans l'apperçu donné par Buffon du système de liaison et d'enchaînement des montagnes du globe, la transition des Pyrénées aux Alpes. D'ailleurs le prolongement que nous considérons ici, et qui comprend environ 20000 mètres (10000 toises) depuis le Sor jusqu'au point de partage, se trouve placé à la rencontre de deux autres plans de pente, dont l'un marqué par le cours du Rhône depuis Lyon, s'étend des montagnes du centre à la Méditerranée; et l'autre que suivent l'Ariège, la Garonne et la première direction de l'Aude, vient des Pyrénées. Car le Fresquel qui prend sa source, entre la Montagne-Noire et le point de partage sur la contre-pente de ces collines qu'on nomme *Montagnes de Saint-Félix*, et qui appartiennent aux *Corbières*, est le récipient principal des eaux qu'il verse dans la rivière d'Aude, laquelle porte à la mer les eaux du vallon compris entre les Pyrénées et la Montagne-Noire.

On voit donc que la Montagne-Noire et celle de Saint-Félix doivent former dans l'entre-deux une gorge alongée, une espèce de vallon; et que la plaine située au pied de la Montagne-Noire, ou la plaine arrosée par le Sor, et le plateau où l'on a fixé le point de partage, doivent avoir à peu près la même élévation; ce qui fait que les eaux amenées à Naurouse, n'ont pas une pente trop forte pour leur écoulement. On voit en même tems que le point de partage remplit une des conditions qu'on lui a assignées, et qu'il se trouve à l'endroit le plus bas de l'arête comprise entre les Pyrénées et la Montagne-Noire, dans tout autre point de laquelle on aurait cependant pu le fixer.

En plaçant le point de partage sur l'arête qui côtoie la première branche de l'Aude, la communication des deux mers se faisait en très-peu de tems. On descendait tout de suite, d'un côté dans la rivière d'Aude, et de l'autre dans l'Ariège, qui est dans cette partie, l'affluent principal de la Garonne. Mais, outre les inconvéniens pour une navigation publique et active que présentent ces deux rivières, lesquelles par les moindres pluies, sont sujettes à des crues subites, et dont les eaux sont très-basses pendant l'été, il eût été difficile de rassembler assez d'eau au point de partage pour l'usage de la navigation.

On s'est servi avec beaucoup d'intelligence, de l'arête presqu'insensible qui forme, en quelque sorte, le passage de la Montagne-Noire aux montagnes de Saint-Félix, et du revers de ces dernières, pour y creuser et conduire cette partie de la rigole de la plaine qui amène les eaux de la Montagne-Noire au point de partage.

Par cette disposition du terrain que nous venons de faire sentir, toutes les eaux qui descendaient de la Montagne-Noire dans la direction de l'est à l'ouest, étaient barrées dans leurs cours et obligées de se détourner au nord ou au sud; c'est ce que nous avons observé pour les deux rivières de Laudot et de Sor; mais le cours de ces deux rivières indique qu'il existe à leur gauche une arête qui les a obligées de prendre leur direction vers le nord. Cette dernière circonstance qui n'a pas échappé à l'auteur du canal de Languedoc, lui a été de la plus grande utilité pour joindre la contre-pente des montagnes de Saint-Félix, et donner, par ce moyen, toute la solidité possible à son ouvrage, en creusant la rigole, d'abord dans la partie arrondie de la Montagne-Noire, dont on a suivi les différentes sinuosités ; ensuite le long de l'arête dont nous venons de parler ; et enfin en l'établissant à mi-côte sur le revers des montagnes de Saint-Félix : les vallons, ou plutôt les rentrans qui s'y trouvent, ont nécessité des détours considérables qui ont augmenté prodigieusement la longueur de cette rigole.

§ II.

Résumé de la marche des eaux depuis la Montagne-Noire jusqu'au point de partage.

Nous avons fait voir que la Montagne-Noire, qui n'est qu'un adossement de la chaîne du ci-devant Vivarais, dont la direction s'étend le long du Rhône, se terminait près de Revel ; que cette montagne versait ses eaux par les pentes du nord et du sud, et par les vallons de l'ouest ; que les rivières qui coulaient dans ces derniers vallons se jettaient au nord dans l'Agoût ; que le point de partage se trouvant du côté opposé, il fallait nécessairement détourner ces eaux, et les faire aller à leur destination, en suivant une direction contraire à celle qui était réglée par la topographie du local.

Outre cet apperçu du terrain, il est encore nécessaire de fixer la position respective des rivières qui ont servi à la confection du canal. Le Sor qui est la rivière le plus au nord, a sa source très-élevée dans la Montagne-Noire, et coule de l'est à l'ouest. Le Laudot qui vient ensuite, a un cours plus borné, il prend sa source aux Campmases à peu de distance du vallon du Sor; les rivières qui descendent par la pente du sud prennent leur origine dans le voisinage de la source du Sor, et vont tomber dans Fresquel fort au dessous du point de partage.

Un des points le plus important du problême était de pouvoir rassembler, pour la diriger ensuite selon le besoin, une quantité d'eau suffisante principalement pour la navigation des parties supérieures du canal, qui n'est alimentée que par les eaux amenées à Naurouse : voici donc de quelle manière on a profité du rapprochement des sources de toutes ces rivières, en leur prescrivant des routes que l'art a su leur tracer convenablement.

Les rivières du sud coulent dans des vallons d'autant plus profonds qu'ils s'éloignent davantage de la crête de la montagne; elles laissent par conséquent entre deux une espèce d'adossement ou de contrefort dont, par la même raison, l'épaisseur au sommet est moindre qu'à la base. C'est vers le sommet de ces contreforts qu'on a creusé ces rigoles ou canaux de dérivation, qui reçoivent les eaux des rivières d'Alzau, Lampy, Bernassonne, etc., dont on a barré le cours par des chaussées, et où l'on a établi, sur quelques-unes, des épanchoirs à fond, pour pouvoir rejeter les eaux superflues dans les lits de ces rivières. Ce canal de dérivation, qu'on appelle *Rigole de la montagne*, tourne la source du Laudot, qui, comme nous l'avons observé, est moins élevée que les autres, et est établie à mi-côte du vallon du Sor jusqu'aux épanchoirs de Conquet et d'Embosc d'où les eaux se précipitent dans le lit du Sor.

A leur entrée dans la plaine, et près du village de Sorèze, les eaux du Sor augmentées de celles des rivières du sud, sont dérivées par la chaussée de Pont-Crouzet, dans un canal qui porte le nom de *Rigole de la plaine*. Ce canal suit l'arrondissement de la montagne, en se soutenant vers le bas de sa pente, et va se joindre au Laudot. Toutes ces eaux réunies sont encore dérivées à la sortie du vallon de Laudot, pour être amenées au point de partage.

A l'épanchoir de Conquet commence une autre rigole qui est une continuation de celle de la montagne; elle est creusée, comme nous l'avons dit, sur la pente du vallon du Sor, et va se jetter dans le lit du Laudot après avoir traversé la crête ou sommité de montagne qui sépare les deux vallons : on a pratiqué pour cela une voûte qu'on appelle *la voûte des Campmases*.

Jusqu'ici nous voyons qu'on a profité des eaux courantes pour l'usage de la navigation. Les rivières qui les fournissent sont très-abondantes durant l'hyver. Pendant l'été les sources baissent, et quelques-unes tarissent; mais le Sor, Alzau, Bernassonne et Lampy coulent pendant toute l'année. C'est aussi dans cette saison, c'est-à-dire pendant les mois de fructidor et de vendémiaire où le commerce a moins d'activité, qu'on met certaines parties du canal à sec pour les réparer; il étoit donc indispensable d'avoir un magasin d'eau pour les tems de sécheresse, et pour pouvoir rétablir la navigation au commencement de l'automne. Cet objet a été rempli au moyen du vallon de Laudot qui, dans l'endroit dont on a profité, s'élargit considérablement, et se resserre ensuite de manière à ne laisser qu'un passage assez étroit au ruisseau : on a barré le vallon dans cet endroit étranglé, et l'on a formé le bassin de Saint-Ferriol, *le plus grand et le plus magnifique ouvrage*, dit Belidor, *qui ait été exécuté par les modernes* (1). Ce réservoir contient près de 7 millions et demi de mètres cubes d'eau (1000000 de toises cubes) qui lui sont fournis durant l'hyver par le ruisseau de Laudot et par un grand nombre de sources ; les eaux de la rigole de la montagne s'y rendent aussi par la voûte des Campmases : les eaux surabondantes de cette rigole passent à Conquet sur un déversoir à fleur d'eau, et vont tomber dans le Sor.

Dans la partie de la Montagne - Noire supérieure au bassin de Saint - Ferriol, et sur la rivière de Lampy, on a formé il y a quelques années, un réservoir pareil à celui dons nous venons de parler, mais d'un

(1) Belidor, Architecture-hydraulique, tome IV, page 364.

mécanisme plus simple, et décoré de cette architecture en masse qui présente à l'œil l'ensemble le plus imposant. Il est destiné à remplacer dans le grand canal les eaux que celui-ci est obligé de fournir au canal de Narbonne. On avait proposé pour remplir le même objet, de se servir des rivières d'Aude et d'Argendouble; mais ces deux prises d'eau furent rejettées avec raison. Ce n'est point effectivement dans le fond des vallées, mais au sommet des montagnes, où les eaux sortant, pour ainsi dire, de leur source, n'ont pas encore eu le tems de se charger de matières étrangères, qu'on doit, autant que faire se peut, aller chercher les eaux nécessaires à une navigation artificielle. Les rivières à leur origine, sont d'ailleurs moins sujettes aux désordres et aux inconvéniens qui leur arrivent dans la plaine, et les récipiens principaux les éprouvent encore plus que les affluens.

Nous venons de faire connaître le mécanisme de la marche des eaux depuis la Montagne-Noire jusqu'au point de partage; mécanisme admirable par cette intelligence supérieure, et cette belle simplicité qui est la pierre de touche du génie; simplicité qu'il fallait nécessairement admettre afin de pouvoir confier avec assurance, même à des gens grossiers et ignorans, les nombreux détails de la manœuvre des eaux. Il nous reste à examiner maintenant le tracé du canal entre le point de partage et ses deux seuils. On pouvait changer quelque chose à ces directions, sans que cela tirât à conséquence pour l'ensemble de l'ouvrage. On avait dans tous les cas pour points intermédiaires, du côté de la Garonne, l'étendue des inondations du Lers, et vers la Méditerranée celles de Fresquel et d'Aude, au-dessus desquelles il était nécessaire de tenir la base du profil, afin de mettre le côté faible à l'abri de tout accident extérieur : on entend par *côté faible*, l'épaulement en terre qu'on est obligé de pratiquer pour soutenir les eaux sur le revers des collines.

§ III.

Apperçu du Canal depuis la pointe de partage jusqu'à ses deux seuils.

Lorsqu'on se trouve au point de partage, on domine sur deux vallons, dont l'un a sa direction vers la Méditerranée, l'autre vers la Garonne. Ce dernier est le vallon du Marais qui va joindre celui du Lers : le canal traverse la rivière de Lers sur un pont-aqueduc, et va déboucher à la Garonne au-dessous de Toulouse.

Le premier vallon peut être distingué en deux autres ; le principal est celui de Fresquel, l'autre est celui de Tréboul, qui est un confluent du Fresquel, et qui coule dans le sens de la pente générale vers la Méditerranée. Ce dernier vallon est beaucoup plus élevé que l'autre. Le canal est tracé à mi-côte le long des collines qui séparent les deux ruisseaux. Le côté faible est vers Tréboul jusqu'à l'endroit où ce ruisseau traverse le canal sous un aqueduc, pour aller se joindre au Fresquel. Il n'y a point d'autre aqueduc sur la route, et la raison en est bien simple. On sait qu'à la tête des vallons, sur-tout dans les basses-plaines, il n'y a presque point de sources, ou elles sont si peu considérables qu'elles ne forment qu'un très-petit filet d'eau. Il n'y a pas de raison pour ne pas recevoir de pareilles eaux dans le canal, lorsqu'elles ne sont point enflées par les eaux sauvages qui sont ordinairement bourbeuses. Pour remédier à ce dernier inconvénient, on a pratiqué au bas de la pente des collines, de petits réservoirs

en

en maçonnerie, qu'on appelle *cales*, où se rassemblent les eaux de pluie, et où elles déposent avant d'entrer dans le canal, les matières dont elles sont chargées.

Les *contre-canaux* qu'on a eu soin d'établir dans tous les endroits où la situation et la nature du terrain ont paru l'exiger, sont un autre moyen employé dès le commencement pour prévenir des inconvéniens bien plus essentiels. Ces fossés creusés à peu près parallèlement au lit du canal, sont destinés à recevoir les eaux des filtrations venant, d'un côté, des parties du terrain qui dominent ce lit; de l'autre, des eaux mêmes du canal qui pénétrant dans le côté faible, peuvent à la longue occasionner des accidens de la plus haute importance.

Au vallon de Tréboul succède celui du Fresquel. Ici se terminent les collines qui séparent les deux vallons. Le Fresquel coule dans l'endroit le plus bas du terrain compris entre les Pyrénées et la Montagne-Noire, et il reçoit de droite et de gauche les rivières qui lui arrivent de ces deux chaînes de montagnes, ou de leurs appendices. Le côté faible regarde cette rivière. Les déversoirs, les épanchoirs, les épanchoirs à fond, les épanchoirs à syphon qui servent à vuider le trop-plein du canal, afin d'avoir toujours les eaux à la même hauteur nécessaire pour la navigation, ou pour mettre à sec telle ou telle retenue pour des recreusemens ou d'autres réparations; tous ces ouvrages sont pratiqués dans le côté faible, c'est-à-dire, du côté de la pente du vallon vers le récipient principal. Les aqueducs ne sont pas très-multipliés le long du Fresquel; la plus grande partie de ses affluens lui vient de la Montagne-Noire, il en reçoit fort peu du côté des Pyrénées, à raison de l'arête qui sépare l'Ariège et la première direction de la rivière d'Aude, dont les versans sont vers ces deux rivières.

Au delà de Carcassonne, le Fresquel traverse le canal pour aller se jetter dans la rivière d'Aude : on a arrêté les eaux du Fresquel par une chaussée, et on les a détournées dans le lit du canal afin d'en alimenter une partie.

Du vallon du Fresquel le canal passe à la vallée de la rivière d'Aude. Le canal est tracé maintenant le long des collines qui sont des appendices de la Montagne-Noire; il a fallu par conséquent, donner passage aux eaux qui venaient de cette montagne pour se rendre à leur récipient. Les aqueducs y sont en grand nombre, les revers de la Montagne-Noire formant un des côtés du vallon. Trois de ces rivières, Orviel, Ognon et Cesse, ont été détournées comme le Fresquel pour nourrir le canal : l'excédant des eaux passe par dessus les chaussées, et retombe dans le lit naturel de ces rivières.

En continuant à suivre le revers des collines du côté d'Aude, on se serait éloigné de Beziers où, par le second projet, le canal devoit passer. Un peu au-delà de la rivière de Cesse, les appendices de la Montagne-Noire forment un écartement dans lequel était compris ce terrain marécageux, aujourd'hui desséché, connu sous le nom *d'étang de Montadi*. Arrivé à l'endroit qu'on nomme le *Malpas*, on profita de cet écartement pour percer le côteau, passer sur la pente opposée, et prendre une direction qui conduisît à la rivière d'Orb vis-à-vis de Beziers : voilà tout le merveilleux de cet ouvrage tant célébré, et dont le véritable objet n'avait pas même été indiqué. La rivière d'Orb ayant sa source dans la chaîne principale, et coulant du nord au sud, laisse à tous les endroits où elle coupe les collines secondaires qui ont leur direction de l'est à l'ouest, des escarpemens sur ses deux rives. C'est pour descendre de la hauteur située au dessous de la venue des eaux du canal, qu'on a pratiqué les huit sas accolés qui forment l'écluse de Fonseranne. Elle a 21^{m}, 432 mètres (66 pieds) d'élévation perpendiculaire, et marque à peu près la hauteur du côteau au dessus du lit de la rivière d'Orb. Cette rivière est très-basse pendant l'été; elle est d'ailleurs fort sabloneuse, et par conséquent sujette aux bas-fonds et aux atterrissemens : ces deux circonstances ont donné lieu à des ouvrages assez ingénieux, mais qui n'empêchent point que cet endroit du canal ne soit imparfait à quelques égards.

Le canal avant d'arriver à la vue de Beziers, ayant été soutenu à mi-côte l'espace de neuf lieues, il ne restait pour arriver à la mer, qu'à franchir la rivière d'Orb par un aqueduc, ce qui eût été un ouvrage immense, à cause de la largeur du vallon; ou à descendre, comme on l'a fait, à cette rivière, par une écluse à plusieurs bassins, et de faire une prise d'eau à la rive opposée, pour alimenter la branche du canal qu'on aurait tirée de Beziers à Agde. Ainsi malgré les inconvéniens que présentait la rivière d'Orb, on fut obligé de s'en servir, et de la descendre dans une certaine étendue, jusqu'à ce qu'on pût tourner les derniers appendices de la Montagne-Noire, qui vont se terminer par de très-petits côteaux à deux ou trois lieues de la mer.

La branche du canal dérivée de la rivière d'Orb, fait la jonction de cette rivière à celle d'Hérault qui passe à Agde. Elle est creusée en terrain bas et uni, puisque ce terrain est situé à l'extrémité de la pente générale de l'Aude, et de celle marquée par le cours du Rhône. En outre la plage de la Méditerranée est très-plate; ce qui le prouve, c'est la multitude d'étangs qui la couvrent depuis Aigues-Mortes jusqu'à Leucate, et qui communiquent avec la mer par des ouvertures qu'on appelle *Graus*.

Le peu de pente de la plage du Languedoc, et le peu d'éloignement où le canal se trouve de la mer auprès d'Agde, n'avoit pas permis de construire un aqueduc, pour faire passer le torrent de Libron qui croise la direction du canal pour se rendre à la Méditerranée. On a remédié à cette impossibilité physique par une invention très-simple, très-ingénieuse, et qui pouvant avoir son application dans tous les cas pareils, a été utile aux progrès de l'art. Elle consiste à former un lit au torrent, en plaçant un radeau avec des relèvemens en travers du canal. De cette manière les eaux du torrent ne se mêlent point avec celles du canal, et n'y déposent pas les sables et les graviers qu'il roule avec lui. D'un autre côté, la navigation n'est interrompue que pendant que le torrent est dans toute sa force, dès qu'il est réduit à son état ordinaire, on retire le radeau et les barques continuent leur chemin.

Le canal aboutit à Agde, à la rivière d'Hérault; mais comme il y a une chaussée au dessus de la ville, avant d'arriver à la rivière le canal se sépare en deux branches, dont l'une va au dessus de la chaussée, et l'autre qui sert à la navigation du port d'Agde, débouche au dessous; ces différentes branches se réunissent à l'écluse ronde qui fournit par conséquent à trois niveaux différens. La rivière d'Hérault nourrit la retenue de l'écluse ronde.

Enfin la dernière branche du canal joint la rivière d'Hérault au dessus de la chaussée, à l'étang de Thau, et est alimentée par cette rivière jusqu'à l'écluse du Bagnas; les eaux de l'étang fournissent à la retenue au dessous.

L'étang de Thau est le plus considérable

de tous ceux qui règnent le long de la plage de la Méditerranée. Il baigne au nord et à l'est le promontoire ou cap de Cette, et communique avec la mer. La hauteur de ce promontoire, sur-tout dans une mer où le flux et reflux est presque insensible, annonçait une profondeur d'eau suffisante pour l'objet qu'on se proposait. Un môle fut établi pour mettre les bâtimens à l'abri des coups de mer produits par le vent d'est qui désole cette côte; mais ce môle ne garantit point le port des sables qui y sont continuellement amenés : On est obligé aujourd'hui de faire des curemens continuels, et l'on a paru craindre qu'il ne se comblât en entier.

Les ci-devant états de Languedoc qui veillaient avec soin à tout ce qui pouvait être avantageux à l'administration qui leur était confiée, firent proposer par la société de Montpellier, pour sujet de prix, la question suivante : *Quels sont les meilleurs moyens et les moins dispendieux d'entretenir les ports de mer sujets aux ensablemens, et notamment le port de Cette?* Mercadier, ingénieur des travaux de la province, déjà connu avantageusement par d'autres ouvrages, remporta le prix qui fut délivré en 1787. Dans l'intéressant mémoire qu'on lui doit sur cette matière, l'auteur développe la théorie des ensablemens, théorie nouvelle à bien des égards, et d'autant plus intéressante qu'elle est de la dernière importance dans l'architecture des ports de mer : nous ferons connaître cette théorie dans le chapitre suivant.

L'embouchure de la rivière d'Hérault qui forme le port d'Agde, n'est praticable que pour de petits bâtimens ; elle est même sujette à une *barre* pour laquelle on avait entrepris, il y a quelques années, des travaux considérables qui n'ont pas été d'un grand effet; il était par conséquent essentiel d'avoir un autre port où les vaisseaux marchands pussent trouver dans tous les tems une entrée libre, et une profondeur d'eau suffisante; et c'est là l'objet du port de Cette.

CHAPITRE II.

Rapports que les étangs maritimes, et les étangs de l'intérieur des terres qui se trouvent dans le voisinage du canal du Midi, ont avec ce canal.

Le canal du Midi aboutit du côté de l'Océan à la rivière de Garonne, et du côté de la Méditerranée à des étangs qui communiquent avec la mer. La position de ces étangs a une influence trop marquée sur la qualité des ports qui sont pratiqués à leurs débouchés, pour que nous n'essayions pas de donner une idée de la nature de ces lagunes, et de l'influence dont nous parlons. Le canal du Midi côtoye en outre d'autres étangs situés dans l'intérieur des terres, et qui ont également des rapports avec lui: nous allons faire connaître ces deux espèces d'étangs, et commencer par les lagunes, en examinant de quelle manière ont dû se former les plages plates du ci-devant Languedoc.

Presque tout le terrain depuis le Rhône jusqu'au pied des Pyrénées, sur une étendue de 11 à 13^{myr}. (25 à 30 lieues), paraît être l'ouvrage de la mer.

Le Rhône est, suivant Pouget (1), la cause des dépôts qui ont formé les plages plates de la Méditerranée sur ces côtes ; et les Delta de la Crau et de la Camargue.

La vîtesse du Rhône étant très-considérable, les matières grosses sont arrivées jusqu'à ces Delta ; les sables, les graviers, le limon qui sont moins pesans, ont été portés à la mer. Le courant littoral de la Méditerranée s'est emparé de ces matières, et les a rangées le long de la côte.

Mais le courant littoral dont la direction est de l'est à l'ouest, ne parcourt que 7 à 9^{kyl}. (3 à 4 milles) en 24 heures; il serait trop faible pour avoir quelque influence sur les ensablemens, si sa vîtesse n'était augmentée par l'action des vents qui ont en outre la puissance de soulever les sables du fond de la mer.

Ce courant littoral modifié comme nous venons de le dire, et chargé de troubles, est dévié de sa direction par la rencontre des caps ; et les golfes abrités par ces caps sont, par rapport au courant littoral, des

(1) Mémoire sur les atterrissemens des côtes du Languedoc, journal de physique 1779, tome 2, p. 28.

eaux mortes à l'entrée desquelles les troubles se déposent.

Lorsque par l'effet des courans qui se croisent, il se forme des dépôts dans un endroit quelconque, ces dépôts deviennent un point d'attache pour une nouvelle lisière d'atterrissemens.

Il serait difficile d'attribuer à d'autres causes la formation des lagunes qui se trouvent sur les plages du Midi.

Les côtes de la Ligurie offrent un exemple frappant de la manière dont les ensablemens se rattachent aux caps, et cet exemple vient à l'appui de nos principes. Le port de Languelia est garanti du côté de la mer par un banc de sable non apparent, qui part du cap d'*Elle Mele* et se prolonge au devant du port. Si ce banc de sable, au lieu d'être sou-marin, se montrait au dessus des eaux, le golfe de Languelia passerait pour une véritable lagune.

Il paraît d'après la description que nous ont laissée les anciens géographes, que les plages entre le Rhône et le pied des Pyrénées existaient de leur tems à peu près comme elles sont aujourd'hui. Mais les étangs ont beaucoup changé. Il y avait un grand nombre de graus qui établissaient, comme ceux qui restent, la communication entre les lagunes et la mer.

Il y a eu long-tems une grande profondeur d'eau dans ces lagunes. Leur fond s'est beaucoup élevé par les ensablemens qui proviennent des mouvemens de la mer, et par les atterrissemens qu'occasionnent les matières entraînées par les rivières et par les eaux de pluie.

Pouget qui nous a servi de guide, a donné un bon mémoire sur *les atterrissemens des côtes de Languedoc* (1). Il suppose seulement au courant littoral, auquel il fait jouer un rôle dans la théorie de la formation des lagunes, une vîtesse trop grande; on sait qu'elle n'est que de 7 à 9^{kil}. (3 à 4 milles) en 24 heures, et sous ce rapport, elle serait d'un médiocre effet, si cette vîtesse n'était accrue par les vents qui sont extrêmement violens sur les côtes dont nous parlons.

Mercadier, dans son mémoire sur la théorie des ensablemens (2), a envisagé les lagunes sous un point de vue très-étendu. Nous allons donner une idée de son travail

(1) Journal de Physique, *loco cit.*

(2) Recherches sur les ensablemens des ports de mer, page 19.

qui mérite d'être remarqué par le jour qu'il a répandu sur une matière aussi importante, et que les seuls italiens avoient à peine ébauchée.

Cet auteur attribue à Geminiano Montanari (1), la découverte de la véritable explication des ensablemens des ports de la Méditerranée, par le moyen du courant observé dans le golfe de Venise. Le courant qui rase les côtes de l'Albanie, de la Dalmatie, de l'Istrie et du Frioul, passe ensuite à la côte opposée de l'Italie; et après en avoir tourné l'extrémité la plus méridionale, il remonte la côte occidentale et vient longer les côtes de France. On croit qu'il fait le tour de la Méditerranée. Sa vîtesse est d'environ 7 à 9^{kil}. (3 à 4 milles d'Italie) en vingt-quatre heures; mais, quelque petite qu'elle soit, elle suffit pour charier le long des côtes les troubles soulevés par les tempêtes, dans les endroits où la mer a peu de profondeur. Une partie de ces troubles se dépose dans les plages, le long desquelles le courant rencontre des eaux stagnantes. Rien de plus simple que cette théorie et son

---

(1) *Geminiano Montanari*, dans son ouvrage intitulé : *il mare Adriatico, e la sua corrente esaminata.*

application n'exige que la recherche des circonstances locales qui peuvent donner lieu à des eaux mortes, ou dépourvues de courant.

Les filets d'eau qui forment un courant bien établi, ne décrivent que des courbes arrondies, et ne se plient pas suivant toutes les sinuosités que peut offrir le rivage, surtout quand ses angles saillans ou rentrans sont aigus ; il en résulte nécessairement des triangles d'eaux mortes sur chaque côté des premiers, et au sommet intérieur des seconds. Cette cause doit tendre à arrondir les caps, soit naturels, soit ceux que forment des jetées ou des digues, et à combler le fond des anses.

A ces causes se joint la combinaison des courans locaux avec le courant littoral, qui éloigne plus ou moins ce dernier de la côte.

Les courans locaux sont de deux sortes, ceux des rivières et ceux qui s'établissent dans les communications des lagunes avec la mer.

Une rivière qui conserve à son embouchure assez de vîtesse pour former un courant dans la mer, se creuse un lit, et repousse jusqu'à une certaine distance le courant littoral qui, à son tour, l'infléchit et la rejette un peu vers la côte. On sent bien qu'il doit ainsi se former deux triangles d'eaux mortes, l'un à gauche de la rivière, l'autre à sa droite; mais que le second doit être plus considérable que le premier, lorsque la rivière a assez d'impétuosité pour entraîner loin de son embouchure le courant littoral (1). Il est bon d'observer que celui-ci, en passant sur de grandes profondeurs, peut perdre une grande partie des sables dont il est chargé; et c'est par cette raison que Mercadier pense que le Rhône, loin d'être la cause de l'ensablement d'une partie des côtes du ci-devant Languedoc, en a puissamment arrêté les progrès.

Mais les rivières ordinaires qui ne portent le courant littoral qu'à peu de distance des côtes, doivent avoir un banc immédiatement à leur droite.

Passons à l'examen des lagunes ou grands

---

(1) Mercadier ne parle que de l'atterrissement de la droite, qui est en effet le plus considérable ; mais celui de la gauche n'en existe pas moins ; et les circonstances du fonds et du rivage pourraient en facilitant son accroissement, lui donner une influence sensible sur le premier.

étangs, dans lesquels l'eau de la mer s'introduit par l'action du flux. L'ingénieur Mercadier pense que le courant doit porter les sables vers la gauche de la bouche de la lagune, parce que la combinaison du flot et du courant littoral, jette nécessairement les eaux vers ce côté de l'entrée; mais que la sortie doit s'effectuer à droite, parce que le courant littoral doit repousser vers la terre celui du jusant. L'écoulement résultant doit entretenir à la droite de l'entrée de la lagune, une passe qui sera d'autant plus profonde et d'autant plus large, que le volume d'eau introduit aura été plus considérable. La grandeur de ce volume dépend du rapport entre la capacité de la lagune et la largeur de son entrée; car l'eau ne peut s'y mouvoir qu'avec une vîtesse égale au plus à celle qui serait due à la hauteur du niveau de la pleine mer, au dessus de celui de la lagune; il ne passerait parconséquent pendant la durée d'une demi-marée, que fort peu de fluide par l'orifice si sa section était peu étendue. Mercadier conclut de ces principes qu'il serait très-utile dans certains cas, d'augmenter la largeur de l'entrée des lagunes.

Les considérations ci-dessus font voir évidemment

évidemment que le moyen le plus efficace pour prévenir l'ensablement des ports, consiste à empêcher qu'il ne se forme des portions d'eaux mortes dans le voisinage de leurs passes, et à remplir ou fermer par des ouvrages, les espaces qui seraient propres à cette formation, en leur donnant extérieurement un contour semblable à celui des courbes que suivent les filets du liquide en mouvement. C'est d'après cette considération que Mercadier propose de fermer la passe qui se trouve au levant du port de Cette, et de construire une digue (marquée *B G* dans la fig. 8 de son ouvrage). Il observe aussi que la passe en avant du môle serait tenue facilement à une suffisante profondeur, si on faisait sortir par le port, les eaux de la mer qu'on aurait introduites dans l'étang de Thau par une autre ouverture. Il est inutile de s'étendre sur ce moyen qui est absolument le même que celui qu'on tire des écluses de chasse dans les ports de l'Océan, où la marée s'élève assez pour donner de la vîtesse aux eaux retenues par ces écluses.

L'ingénieur Mercadier termine son ouvrage par la recherche de la direction que doit prendre un courant qui résulte de la composition de deux autres dont les forces et les directions sont connues ; mais l'observation attentive des courans actuels, et quelques expériences faciles à faire sur les directions des corps soumis à ces courans, indiqueront toujours assez exactement la nature des ouvrages à construire pour éviter les portions d'eaux mortes.

Il convient encore d'avoir égard à l'influence des vents qui élèvent les eaux sur les rivages, parce que ces eaux, en se retirant, déposent des sables. Les vents transportent aussi les sables des dunes ; mais on peut parer à cet inconvénient, en les fixant par des plantations, comme on l'a pratiqué depuis long-tems à l'embouchure de l'Hérault, et comme vient de le faire l'ingénieur en chef Bremontier pour celles des landes de Bordeaux.

Outre les étangs dont nous venons de parler, et qui longent les plages du midi, il y en a d'autres dans l'intérieur des terres ; les uns sont situés au pied de la Montagne-Noire, les autres s'en trouvent un peu éloignés : ces étangs ne sont alimentés que par les eaux sauvages. La stagnation de ces eaux, l'évaporation et le manque de pluie pendant la plus grande partie de l'année, en abaissant leur niveau, mettent une grande partie du fond à découvert; et la déflagration des matières animales et végétales que l'eau neutralisait, exhale alors des miasmes contagieux, funestes à la santé des habitans. Saussure a observé généralement que *les chaînes de montagnes d'une longueur et d'une hauteur un peu considérables, ont à leurs pieds des vallées marécageuses, creusées sans doute par les eaux qui y descendent et qui s'y accumulent.* On ne commence à trouver des étangs en Languedoc que vers Carcassonne, c'est-à-dire, lorsque le terrain commence à prendre la pente de la seconde partie du cours de la rivière d'Aude; jusque-là la pente de l'arête qui s'étend des Pyrénées à la Montagne-Noire, favorise l'écoulement des eaux.

On a cherché de tout tems à dessécher ces espèces de mares, tant pour la salubrité de l'air, qu'afin de pouvoir profiter d'un terrain qui ne donne d'autre bénéfice que celui qui se tire de la pêche, et de quelques espèces de joncs que l'on voit à découvert dans les basses eaux, et que l'on afferme aux riverains pour la nourriture des bestiaux. Le succès du dessèchement de l'étang de Montady, près de Beziers, avait dû faire re-

F 2

gretter qu'une grande partie des terres qui avoisinent la rivière d'Aude, fût recouverte par des eaux croupissantes et dérobées à l'agriculture. Cependant, soit que ces dessèchemens offrent des difficultés physiques, soit que ce genre d'entreprise soit hasardeux et exige des avances considérables, on ne s'est guère occupé sérieusement de dessécher les autres étangs du ci-devant Languedoc, que depuis quelques années.

L'étang de Montady, qui forme maintenant une plaine superbe, avait été desséché sous Henri IV. On y voit encore les canaux dont on s'était servi pour faire écouler les eaux, et le bel aqueduc qui les rejette dans l'étang de Poilles. Il paraît que ce dessèchement a été conduit avec beaucoup d'intelligence; car il eût semblé plus naturel de faire écouler les eaux dans la rivière d'Orb, que de les conduire dans un étang situé du côté opposé de la montagne de Malpas, et de les y faire aller à contre-pente. Mais on avait dû voir que la pente du terrain vers la rivière d'Orb étant peu considérable, la moindre crue de cette rivière ferait refluer les eaux de l'étang, et inonderait le terrain qu'on voulait dessécher, à moins qu'on ne le garantît par des portes de défense. D'un autre coté, cette même rivière charriant beaucoup de sables, l'embouchure du canal d'ecoulement serait souvent obstruée; et le projet, ainsi exécuté, présenterait encore bien des inconvéniens. Au lieu que, de quelque violence que soit le vent du sud sur les côtes de la Méditerranée, il ne peut produire dans l'étang de Poilles, un rehaussement assez sensible pour que les eaux de l'étang de Montady n'aient pas un libre écoulement; et c'est la seule objection que l'on eût pu faire contre ce projet, tel qu'on l'a mis à exécution.

On pouvait d'ailleurs, comme nous l'avons observé ci-dessus, détruire l'effet du reflux des eaux de l'étang de Poilles par des portes de défense, dont le jeu extrêmement simple est facilement applicable sur-tout à des canaux d'écoulement qui communiquent à des lagunes. Je crois devoir rapporter un exemple de ces sortes d'écluses que j'ai eu occasion d'observer dans le Frioul-Vénitien, auprès d'Aquiléia, sur le canal d'Anfora qui fait la jonction de la rivière de Natisa avec la mer.

Des terrains immenses à droite et à gauche de l'Anfora étaient inondés par les crues du Natisa. Marie-Thérèse fit enfermer le canal d'Anfora entre des digues, et pratiquer des rigoles d'écoulement. Depuis lors, les campagnes environnantes ont été rendues à l'agriculture, l'air d'Aquiléia est devenu très-sain ; et la population de cet endroit qui n'étoit que de 400 ames il y a dix ans, s'est portée à 1,200, et augmente chaque jour : tel est le triste état auquel se trouve réduite cette superbe ville qui, par ses monumens, ses richesses et sa population, était appelée *la seconde Rome*, avant d'être tombée sous les coups du féroce Attila !

On a établi sur ce canal des portes busquées, pour l'écoulement des eaux. Ces portes n'ont que la demi-hauteur de l'écluse ; le restant au dessous est une fermeture en poutrelles placées horizontalement dans des rainures. Les portes tournent sur un pivot ; elles sont contenues dans la partie supérieure, par une crapaudine qui s'ouvre dans le milieu de sa hauteur. Le tourillon supérieur est garni d'une virole de cuivre, afin d'avoir moins de frottement : le tout est graissé avec le plus grand soin. Les portes pressées par les eaux qui affluent des canaux d'écoulement, en s'ouvrant, viennent heurter contre des arêts saillans fixés dans les bajoyers ; ce qui, tenant les portes écartées des murs, les laisse exposées à l'action des eaux montantes du côté opposé; et cela arrive toutes les fois que, par l'effet des vents ou de la marée, les eaux s'élèvent dans l'Anfora. A certaines écluses on a placé une avant-porte beaucoup plus légère, et n'ayant que moitié de hauteur de l'autre, laquelle recevant l'impulsion du courant, va heurter les volets de la porte principale, et détermine leur mouvement pour se fermer.

On voit ici qu'on a diminué les résistances pour obtenir la plus grande mobilité, et que la seule différence de niveau qui s'établit alternativement, suivant les circonstances, des deux côtés des portes busquées, en détermine le jeu.

L'angle que forment les deux volets regarde la mer, afin que les eaux de l'Anfora ne puissent pas refluer sur les plaines desséchées; et c'est le seul objet de la manœuvre que nous venons de décrire.

Pour en revenir à l'étang de Montady, nous observerons que son canal d'écoulement prouve que les collines suivent, dans leur direction et dans leurs revers, les pentes générales et particulières du bassin dans lequel elles sont situées; car il n'est pas douteux que ce canal d'écoulement ne se trouve même au dessous du niveau du fond de l'étang, qui est l'endroit le plus bas de la plaine située au nord de la montagne de Malpas; et cependant les eaux de l'étang s'écoulent sous un aqueduc pratiqué dans cette montagne, et vont se rendre, par contre-pente, à l'étang de Poilles situé au sud vers la mer.

Outre l'amélioration des terres par *assèchement*, il y en a encore une autre qu'on appelle par *accoulin*. Elle se pratique en introduisant dans l'étang qu'on veut dessécher une rivière qui charrie des troubles. Les eaux y déposent peu à peu des sédimens qui élèvent le fond du bassin, et le mettent insensiblement au niveau des terres collatérales; alors on détourne les eaux, ou on leur laisse un lit dans leurs propres alluvions. Le bassin de Naurouse s'est comblé par le dépôt successif des eaux qui arrivaient de la Montagne-Noire, et qui y étaient conduites par la rigole. La plupart des étangs maritimes du midi ont diminué de profondeur par la même cause. Cette méthode d'assèchement, ou plutôt d'atterrissement, est fort longue. Elle devient, malgré cela, nécessaire lorsqu'on ne peut pas donner un écoulement aux eaux, et l'on a jugé à propos de l'employer pour dessécher l'étang de Capestang dans le voisinage du canal du Midi du côté de Narbonne: nous verrons dans le chapitre suivant, que les moyens qu'on a mis en usage pour opérer cette sorte de dessèchement, portent un préjudice notable au canal du Midi.

Celui des étangs dont nous venons de parler, qui a les rapports les plus immédiats avec la navigation du canal du Midi, est sans contredit l'étang de Marseillette. Les projets sur cet étang, faits par un ingénieur du canal, qui n'existe plus, méritent d'être connus, et nous allons tâcher d'en présenter l'analyse.

Les divers particuliers qui s'étaient succédés dans l'acquisition de l'étang de Marseillette, avaient mis en doute que la qualité des terres submergées permît d'espérer des productions capables de dédommager des avances qu'exigeait le dessèchement de l'etang. Des sondes générales n'avaient rapporté que du gravier, du roc, ou de la terre de mauvaise qualité. On craignait pour le pays déjà trop malheureux par le méphitisme de cet étang, la crise plus dangereuse encore qu'aurait produite la durée du dessèchement qui devait rester long-tems imparfait.

Lespinasse, habile ingénieur du canal du Midi, avait cru que ce serait un double avantage et un bien plus général, de substituer au procédé du dessèchement celui de l'atterrissement; moyen dont la lenteur était avantageusement compensée par la certitude d'en améliorer le fond, et par celle que lui avaient donnée ses opérations de pouvoir, en attendant et aussi long-tems qu'on le voudrait, en faire une réserve d'eau pour les besoins de la navigation du canal, pendant les tems de sécheresse. Il ne comptait, dans ce dernier cas, faire usage de cette réserve qu'après le tems reconnu nécessaire pour la chûte des dépôts, et n'en prendre qu'une très-petite section horizontale plus que suffisante pour son objet, vu l'immense étendue de la superficie de l'étang. Cette couche supérieure ne lui donnait que les eaux claires, et à une hauteur convenable pour les conduire au plus près dans le canal.

Lespinasse observait en outre, qu'en introduisant des eaux fraîches dans cet étang, et en les renouvelant, l'air se trouverait bien vîte assaini.

Ses moyens d'exécution consistaient à pratiquer une rigole capable d'amener en grand volume les eaux troubles de Fresquel et d'Orviel, pendant leurs crues fréquentes, jusqu'aux rochers ou à l'écluse de Marseillette, pour les jeter de là dans l'étang. Mais les difficultés locales et les dépenses considérables de la conduite des eaux troubles de Fresquel et d'Orviel, par un canal particulier, lui firent sans doute abandonner ce premier projet.

Les sondes faites depuis avec plus de soin dans une infinité d'endroits de l'étang de Marseillette, ayant rapporté un tiers de terre bonne, un tiers de terre moyenne, et un tiers de terre faible, le citoyen Lespinasse renonça à son projet d'atterrissement, et le remplaça par un projet de dessèchement. Ses moyens étaient de profiter de l'aqueduc de l'Aiguille qui passe sous le canal, pour donner un écoulement aux eaux de l'étang, et les jeter dans la rivière d'Aude. Quoique cet aqueduc eût été agrandi aux dimensions données par l'ingénieur Garipuy, auquel l'étang de Marseillette avait été concédé, Lespinasse fait voir que ce débouché, dans l'état actuel, n'offre guères plus du quart de la capacité qu'il prouve devoir lui être nécessaire. Il se fonde sur cette observation judicieuse : qu'il faut que ce débouché suffise non seulement à l'état permanent des eaux affluentes, mais encore à leur accroissement peu connu, et jamais calculé, lors des grands orages soudains qu'on sait être particuliers au Languedoc, et qui sont bien plus remarquables encore dans ces cantons.

Rien n'est plus intéressant à connaître que les observations et les calculs qu'il rapporte, pour déterminer la capacité du canal et de l'aqueduc nécessaire au débouchement des eaux de l'étang dans ses différens états, la quantité, la forme et l'estimation de ces ouvrages, et les autres dépenses que cette entreprise exigerait.

Il porte à 650000 francs, à peu près, l'achat de l'étang et la dépense qu'occasionneraient les travaux de dessèchement et les établissemens indispensables pour mettre les terres en valeur. Il fait voir par des appréciations réfléchies et très-modérées, qu'après s'être remboursé des avances ci-dessus, le produit des terres donnerait un revenu net de 44000 francs au moins.

Lespinasse n'abandonne point son projet de faire de l'étang de Marseillette une réserve d'eau pour le canal du Midi. Mais, d'après ses nouvelles vues, il ne forme cette réserve qu'avec les eaux claires de Fresquel et d'Orviel, pendant les mois de surabondance, et pour lors il les conduit directement par le lit navigable du canal (afin de restreindre la dépense du projet), et les jette dans l'étang au moyen d'un grand épanchoir facile à établir, et depuis long-tems projeté à la tête de l'écluse de Marseillette. Les nivellemens lui avaient donné l'assurance de pouvoir introduire ces eaux, pour alimenter le canal, dans la retenue de Jouarres au dessous de l'écluse de Puicheric, qui a 5 mètres (environ 15 pieds) de chûte.

D'après le premier projet, le citoyen Lespinasse introduit les eaux troubles de Fresquel et d'Orviel dans l'étang de Marseillette, par une rigole pratiquée à cet effet dans des lieux et des terrains difficiles; il se propose d'amener insensiblement, par ce moyen, l'atterrissement de l'étang, et il se ménage en outre une réserve d'eau; mais il a senti que la dépense de son projet serait trop considérable. Par le dernier projet, il forme sa réserve d'eau avec les eaux claires de ces deux rivières qu'il conduit par le canal actuel; mais il donne de l'extension à ses vues, en destinant, comme je le crois, une partie des eaux de l'étang à arroser les plaines du ci-devant Bas-

Languedoc, ce qui procurerait un avantage immense à l'agriculture. Sous ces deux rapports le dernier projet mérite la préférence. Mais quel que soit le parti que l'on se décide à prendre au sujet de l'étang de Marseillette, si l'on ne veut point exposer de grandes dépenses au hasard trop ordinaire des spéculations, l'on ne pourra se dispenser d'avoir recours au travail de l'ingénieur Lespinasse, travail vraiment précieux qui suppose des observations et des expériences suivies avec soin pendant plusieurs années. Les dépenses y sont d'ailleurs appréciées avec l'intelligence, l'exactitude et la précision suffisantes pour inspirer une juste confiance au gouvernement, s'il devait se charger de l'étang de Marseillette; ou pour le guider, s'il voulait traiter avec connaissance de cause pour en donner l'entreprise, ou en faire l'aliénation.

CHAPITRE III.

Analyse du tracé et des ouvrages d'art du Canal du Midi.

§ I.

De la prise d'Alzau au point de partage.

La partie que nous allons décrire distingue le projet du canal du Midi de tous ceux qui avaient été exécutés précédemment. On ne connaissait à cette époque que les canaux de dérivation, et les canaux à point de partage naturel. Il n'eut pas été impossible de joindre les deux mers par un canal dérivé de la Garonne. En effet Naurouse, ou le point de partage du canal actuel, est situé à 61^{m},618 (31 toises 3 pieds 9 pouces) au dessus de ce fleuve à Toulouse; ainsi en faisant une prise d'eau au point où la Garonne a un peu plus que cette élévation, ou en relevant de cette quantité la tête de cette branche du canal, on eût amené les eaux de la Garonne à Naurouse, point constant, parce qu'il forme l'endroit le plus bas, ou le col de l'arête comprise entre les Pyrénees et la Montagne-Noire. On voit d'après cela, que le projet qu'on eut sous Henri IV de construire un canal qui devoit être alimenté par les eaux de la Garonne prises un peu au dessus de Toulouse, et amenées à Naurouse, était impraticable(1); il aurait fallu s'élever beaucoup plus haut.

L'auteur du canal du Midi eut une conception plus forte, un projet plus vaste. Il sentit aisément qu'un récipient principal comme la Garonne, sujet à des crues fréquentes, à des débordemens considérables, et à des désordres sans nombre, ne pourrait fournir les eaux nécessaires a la navigation du canal, avec cette régularité qui fait le principal avantage des canaux de navigation, et qu'on serait en outre exposé à recevoir, pendant la plus grande partie de l'année, des eaux troubles qui envaseraient le lit du canal, et nécessiteraient des recreusemens continuels.

Les considérations générales énoncées dans le chapitre premier l'amenèrent sans doute,

(1) Ce projet est rapporté par la Faille, Annales de Toulouse, tome 2, page 19, aux preuves.

à regarder la Montagne-Noire, à l'endroit où elle se termine, comme le château d'eau d'où l'on fournirait au point de partage les eaux nécessaires à la navigation du canal. Tel est l'avantage de cette montagne, qu'en se terminant dans cette partie, elle a plusieurs versans, et présente par conséquent dans un demi-cercle d'un rayon assez peu étendu, le rapprochement de l'origine de plusieurs cours d'eau naturels : la Montagne-Noire, peuplée de belles forêts, a d'ailleurs une infinité de sources dont on a tiré les plus grands avantages.

On ne peut se trouver à ce point culminant sans éprouver une sorte d'admiration et de respect, et sans partager l'enthousiasme qui dictait, en 1786, à un jeune et savant naturaliste (1), ces réflexions animées qui ne peuvent partir que d'un esprit élevé, et capable d'apprécier les grandes choses.

« Le granit commun, qu'on appelle vul-
» gairement *granit à gros grains*, est la base
» constante et unique de tout le terrain de

---

(1) Reboul, Voyage dans la Montagne-Noire en septembre et octobre 1786, ouvrage manuscrit communiqué : l'auteur est le même que Ramond cite avec éloge dans son Voyage aux Pyrénées.

» la Montagne-Noire; il s'y montre toujours » sous la même apparence; il ne forme que » des collines basses et aplaties, dans les-» quelles il reste enseveli sous la couche de » terre où végètent les chênes et les genets. » Dans ce pays stérile et monotone, nul » aliment ne s'offre à la curiosité du natu-» raliste, aucune irrégularité ne frappe les » yeux, aucun grand trait de la nature » n'occupe les sens et n'éveille l'imagina-» tion; mais il porte l'empreinte du génie » de l'auteur du canal, et l'on n'y peut faire » un pas sans tressaillir et admirer. Ici l'ob-» servateur se trouve placé, pour ainsi dire, » devant l'origine et la cause du canal de » Languedoc; il en découvre le mécanisme » et il en tient la clef. Le projet de l'ingé-» nieur de ce grand ouvrage s'explique ici » bien plus aisément qu'il ne se conçoit, et » la simplicité des moyens l'emporte encore » sur la hardiesse de l'entreprise. Ailleurs » cet ouvrage semble un effort de l'art qui » contraint la nature; ici l'art la surpasse » en ne faisant que l'imiter. Une rigole » étroite et tortueuse, deux lacs de mé-» diocre grandeur, tels sont les moyens » simples et savans qui servent à former » et à maintenir, de l'une à l'autre mer,

» une rivière factice dont les eaux retenues » et comme suspendues à volonté, ne peu» vent jamais tromper l'attente du commer» çant, ni détruire l'espoir du cultivateur».

C'est dans cette montagne, sur la rivière d'Alzau, au dessous du moulin de Calz situé près du village de Lacombe, dans le bois de Ramondens, qu'une digue peu élevée arrête tout à coup l'effort du torrent, et dérive ses eaux dans la *rigole de la montagne* qui recoit ensuite celles de Cantamerle, Bernassonne, Lampy, Rieutort, et laisse à découvert en dessous, l'ancien lit des torrens encore tout jonché de fragmens de granit. Cette rigole a près de 3 m,247 (10 pieds) de large, et 1 m (3 pieds) d'eau coulant rapidement. Elle est toujours creusée dans le granit, ou dans la couche de terre qui le surmonte. Les excavations sont ordinairement à fleur de terrain, et suivent le contour des parties élevées. Il arrive pourtant que le sol, et même le roc, sont quelquefois tranchés et creusés à la profondeur de plusieurs mètres. Sur un développement de 28445 m, 810 (146000 toises), depuis la prise d'Alzau jusqu'au saut des Campmases, il y en a 5543 m, 198 (2845 toises) taillées dans le roc vif.

Depuis l'épanchoir de Conquet jusqu'à la montagne des Campmases, il y a 9899^{m},820 (5594 toises) de rigole; ils furent faits, ainsi que la voûte des Campmases, en 1686.

La percée de la montagne des Campmases est de 233^{m},760 (120 toises), dont une partie à ciel ouvert; le reste est soutenu par une voûte en pierre, de 122^{m},099 (62 toises 4 pieds) de longueur sur 2^{m},922 (9 pieds) de diamètre. Les eaux de la rigole, après avoir coulé sous cette voûte, se précipitent à peu de distance de là dans le lit du Laudot, par une cascade de 8^{m},118 (25 pieds), et suivent le vallon jusqu'au bassin de Saint-Ferriol qui n'en est éloigné que de $6^{kil.}$ (3 milles).

En 1748, un abîme s'ouvrit non loin des Campmases, et une portion de la rigole y fut engloutie. Après avoir essayé en vain de le combler, on prit le parti de jeter sur son ouverture une voûte en maconnerie sur laquelle les eaux recommencèrent à couler.

La chaussée de Pont-Crouzet forme la dérivation des eaux du Sor dans un canal qui, sur une étendue de 2532^{m},920 (1300 toises) jusqu'au port Louis près de Revel, servait de bief à d'anciens moulins. Mais, quoiqu'on ait profité de ce bief, il n'en est pas moins vrai, contre l'opinion ordinaire, que dans le tracé général, la *rigole de la plaine* commence à Pont-Crouzet, et non au port Louis. Cette rigole creusée au pied de la Montagne-Noire, et par conséquent dans un plan de beaucoup inférieur à celui de la rigole de la montagne, a $3^m,896$ (12 pieds) de large, et 1^m (3 pieds) d'eau coulant assez rapidement. Elle est continuée sur une étendue de $7949^m,472$ (4080 toises) jusqu'au hameau des Thomases, point où les eaux qui sortent du réservoir de Saint-Ferriol se joignent à celles venant de Pont-Crouzet, pour se rendre ainsi réunies au point de partage, par une continuation de rigole d'une plus grande capacité, et de $25908^m,4$ (13300 toises) de développement.

On a construit à ce confluent pour la manœuvre des eaux, un grand déversoir et trois épanchoirs à fond. Une demi-écluse entre deux bajoyers barre la rigole au dessous des épanchoirs, et sert à rejeter dans le lit naturel du Laudot les vases du fond du réservoir de Saint-Ferriol, dont on se débarrasse en hyver; et dans le courant de l'année, les eaux sauvages lors des grandes pluies, pour que la partie inférieure de la rigole jusqu'à Naurouse, ne reçoive que l'eau qui est nécessaire à la navigation.

Cette rigole est aussi percée de deux épanchoirs à fond près du moulin de Naurouse, pour dégager le canal des eaux sauvages, et les rejeter dans le Fresquel.

Deux épanchoirs à fond accolés à l'ancien bassin de Naurouse, sont destinés au même usage, dans le cas d'insuffisance des deux premiers.

A trois milles de la maison de Laudot, le ruisseau de Saint-Félix qui n'est qu'une branche du Fresquel, franchit dans les crues la rigole sur un pont en bois qu'on appelle la *cale de Saint-Félix*, où l'on a pratiqué des parapets élevés, afin d'empêcher les eaux troubles de ce torrent de se mêler avec celles de la rigole. Cet établissement en dessus est une sorte d'imitation du radeau de Libron dont nous parlerons dans la suite. On a fait des dispositions pareilles pour le torrent de Fondret qu'on trouve un peu plus loin.

Du ruisseau de Saint-Félix à Naurouse, la rigole est soutenue à mi-côte, et presque à la naissance des profonds ravins dont est sillonné le revers de l'extrémité des montagnes des Corbières qui, du pied des Pyrénées, viennent se prolonger au devant de la Montagne-Noire. Ces nombreux enfoncemens, et ceux qu'on a été obligé de développer dans le tracé de la rigole de la montagne, ont presque doublé la longueur des canaux de dérivation creusés à la main. La longueur totale de ces canaux est de 58556^{m},880 (30060 toises), tandis qu'il n'y a réellement que 17 milles en ligne droite depuis la prise d'Alzau jusqu'au point de partage.

On essaya dans l'origine de rendre la rigole navigable depuis Revel jusqu'à Naurouse, afin de favoriser le débouché des grains de la plaine de Revel et des pays circonvoisins. Cette partie de rigole fut creusée aux dimensions nécessaires pour cet objet. On y établit 14 écluses à la légère, les chambres n'étant ni murées, ni revêtues en bois, et les portes étant simplement soutenues par des arcs-boutans. On construisit près de Revel un port qu'on appela le *Port-Louis*, où l'on a vu des bateaux de 7^{m},792 (24 pieds) de longueur, et de 1^{m},948 (6 pieds) de largeur dans le milieu.

Le desir de procurer au commerce le plus de débouchés possibles, et au canal les plus grands avantages, avait fait tenter l'essai dont nous venons de parler. Mais il fut aisé de sentir combien dans un canal de dérivation la fourniture des eaux qui est un des élémens essentiels de la pratique qu'on emploie pour les distribuer avec intelligence, et les régler avec économie, doit être exempte de tout obstacle et de tout assujettissement qui contrarieraient ce but capital; aussi le projet de rendre la rigole navigable fut abandonné à l'époque de la construction du canal, et doit l'être pour toujours. En 1767, la ville de Revel, à qui une pareille navigation serait encore avantageuse, insista, par l'organe du négociant Sarrat, sur son rétablissement; mais l'intérêt de la navigation et du commerce du grand canal l'emporta sur l'intérêt particulier d'un canton, et les démarches de la ville de Revel restèrent sans effet.

Réservoir de Saint-Ferriol. — Le réservoir de Saint-Ferriol et celui de Lampy concourent essentiellement avec les canaux de dérivation, au mécanisme de la manœuvre des eaux dans la Montagne-Noire. Le réservoir de Saint-Ferriol existe depuis la construction du canal; il est situé à $3000^{m},000$ (1500 toises) au sud de la ville de Revel.

Ce réservoir a été formé, comme nous l'avons déjà dit, en barrant le vallon du Laudot. La première pierre de cet ouvrage immense fut posée le 17 novembre 1667. Sa figure, lorsqu'il est plein, est à peu près celle d'un triangle scalène dont le plus petit côté s'appuie à la digue de barrage, et dont les deux autres côtés ne diffèrent pas beaucoup l'un de l'autre.

Il est dominé sur sa gauche par des côteaux assez élevés, couverts de belles forêts, telles que celle de Lancastre, qui ont des sources abondantes. Les côteaux opposés sont très-bas, et se trouvent, sur une certaine étendue, presque au niveau de la superficie du réservoir.

La longueur du réservoir de Saint-Ferriol est de 1558^{m},000 (800 toises), sa largeur près de la digue, de 779^{m},000 (400 toises), sa plus grande profondeur, de 32^{m},148 (99 pieds); sa superficie excède 664335$^{m. car.}$ (175000$^{t. car.}$); il contient 6946176$^{m. cub.}$ 646 (939104 toises cubes) d'eau. Garipuy est parvenu à cette détermination en faisant lever le plan de toutes les couches d'eau de neuf pieds en neuf pieds de hauteur, et prenant la somme du nombre de toises cubes contenues dans les différentes tranches fluides (*voyez* le tableau n° 1 à la fin du chapitre). On évalue à 34164000$^{m. car.}$ (9000000 toises carrées) la surface des bassins qui versent les eaux des pluies dans ce réservoir, ou dans les rigoles qui peuvent les y amener.

La digue de Saint-Ferriol est formée de trois murs dont les deux extrêmes sont éloignés d'environ $62^{m},348$ (32 toises) de celui du milieu qui a $32^{m},473$ (1000 pieds) d'élévation. Ces murs sont fondés et enclavés de toutes parts dans le roc. Leurs intervalles ont été remplis par deux terrassemens. Le mur principal étant plus haut que les deux extrêmes, le terrassement qui forme glacis se trouve totalement recouvert par les eaux du réservoir, d'autant plus qu'il n'atteint pas à beaucoup près le couronnement du mur.

Chaque terrassement est traversé dans sa largeur par deux voûtes placées l'une au dessus de l'autre. La voûte inférieure du terrassement intérieur qu'on appelle *voûte d'enfer*, correspond au fond du lit naturel du Laudot; elle est réglée de pente avec la voûte qui lui fait suite dans le grand terrassement, et qui prend le nom de *voûte de vidange*, parce que c'est par-là que les eaux du bassin retombent dans le lit naturel du Laudot. La partie de ce lit, au sortir de la voûte de vidange, s'appelle *rigole de fuite*. Les deux voûtes dont nous venons de parler ne se trouvent point dans le même plan vertical; il a fallu détourner la voûte de vidange de la direction de la voûte d'enfer, afin de plier sa direction à celle du ravin.

Les deux terrassemens ont été formés de cailloux et de terre, et l'on a mis par dessus 1m,948 (6 pieds) de terre glaise. La nature de ces matériaux les rend peu propres à arrêter les filtrations qui se répandent dans toute la digue, et se font jour à travers le mur et les voûtes. Ces filtrations ont rendu depuis long-tems la voûte d'enfer à peu près impraticable, et menacent la voûte de vidange d'une dégradation totale; elles exigeraient pour les arrêter, des fouilles considérables. L'ingénieur en chef du canal pense que le seul moyen de détruire le mal, et de sauver ce grand édifice, est de construire dans le réservoir, en avant du mur principal, un nouveau mur en briques posées de champ, qui en serait distant de 1m,948 (6 pieds), et qui lui serait lié dans toute sa longueur par des arceaux placés de distance en distance.

La voûte d'enfer et celle de vidange communiquent par un pertuis pratiqué dans le grand mur, et fermé par une pale en fer de 0m,649 (2 pieds) en carré.

La tête de la voûte d'enfer est percée d'un puits ou tambour vertical, au fond duquel est établie une autre pale pour interdire aux eaux du réservoir l'entrée directe de la voûte.

Les eaux tombent dans la voûte par le puits et se rendent aux robinets.

La digue de Saint-Ferriol soutient une masse d'eau de 32^m, 148 (99 pieds) de hauteur. Un déversoir placé à l'extrêmité de cette digue, entretient les eaux à cette élévation.

Lorsqu'on veut vider le réservoir, on commence à donner les premières eaux, en levant la pale de l'épanchoir de la badorque situé à peu de distance du déversoir, et les eaux descendent jusqu'à 1^m,948 (6 pieds) au dessous de la superficie du bassin.

Une seconde vanne éloignée de 146^m, 130 (75 toises) de la première, les fait écouler jusqu'à 7^m, 468 (23 pieds).

Il reste encore 24^m, 679 (76 pieds) de hauteur d'eau.

On sent qu'une colonne d'eau de 24^m, 679 (76 pieds) agirait par un poids énorme contre une vanne placée à cette profondeur. On a évité l'effet de cette grande pression en substituant à la voûte qui conduirait l'eau au pertuis, trois tuyaux de fonte de 0^m, 243 (9 pouces) de diamètre scellés dans le grand mur, et fermés à l'aide de robinets dont le jeu est extrêmement facile à régler. La coupe transversale des tuyaux doit être elliptique, cette forme étant plus propre à bien sceller le tuyau dans l'épaisseur du mur. En effet un ébranlement quelconque dans ce tuyau, en tendant à le faire tourner dans son gîte, trouverait bien plus de difficulté dans une ellipse qui, pour tourner, aurait à remplacer un petit axe par un plus grand.

Une pyramide qui s'élève à 19^{m},480 (60 pieds) au dessus de la tête de la voûte d'enfer, assez semblable au nilomètre des Égyptiens, sert à indiquer à mesure qu'elle se découvre, le degré d'abaissement des eaux. Le sommet de cette pyramide est au niveau du haut du terrassement intérieur qui soutient le grand mur. Du couronnement à ce point, les degrés d'abaissement sont comptés sur le mur même.

Les robinets sont établis à 22^{m},732 (70 pieds); on y arrive par une galerie voûtée de 74^{m},039 (38 toises) de longueur dont le sol a une pente vers le grand mur, et l'on y descend en outre par une trentaine de marches.

La voûte d'entrée des robinets est dans un plan au dessus de celui de la voûte de vidange. Mais elle est dans le même plan et dans la même direction que la voûte supérieure à la voûte de vidange, par où les eaux du réservoir arrivent aux tuyaux scellés dans le grand mur, passent de là aux robinets, d'où elles tombent avec un bruit effroyable dans la voûte de vidange par les 1m,948 (6 pieds) de chûte qui restent des 32m,148 (99 pieds) de hauteur.

On a ménagé avec soin 1m,948 (6 pieds) de hauteur d'eau au dessus du fond, pour pouvoir faire le manœuvrage des vases qui s'amoncèlent pendant l'année dans le réservoir, et en avant des pales du tambour situé, comme nous l'avons dit, près de la tête d'entrée de la voûte de vidange. Lorsque les eaux du réservoir ne passent plus par les robinets, on lève les pales du tambour et celle du pertuis du grand mur, et les eaux se précipitant avec violence et en tournoyant, entraînent les *troubles* qui sont rejetés aux Thomases dans le lit inférieur du Laudot. On fixe la durée du manœuvrage à six heures de jour, pour ne pas priver pendant 24 heures la navigation des eaux dont elle a besoin; et afin de faire arriver à peu près la même quantité d'eau à Naurouse, on fournit pendant la nuit un plus fort volume qui y parvient dans le jour.

Huit à dix jours suffisent pour enlever les dépôts. La manœuvre des vases se fait vers la fin de frimaire (la fin de décembre), époque où l'on met le réservoir de Saint-Ferriol entièrement à sec pour les travaux intérieurs.

Le canal est pour lors alimenté par les eaux de la rivière de Sor, qui se rendent au point de partage en suivant la rigole de la plaine. Il l'est encore par les eaux de la rigole de la montagne qu'on détourne à leur entrée dans le réservoir de Saint-Ferriol, par une rigole de ceinture pratiquée au pied des côteaux de la gauche, qui les porte dans le ruisseau de Laudot au dessous du réservoir.

Les travaux de Saint-Ferriol sont finis vers la fin de nivôse (la fin de janvier); alors on lute toutes les pales pour y introduire les eaux de la rigole de la montagne, et les y retenir. Le réservoir de Saint Ferriol a été rempli quelquefois en 38 jours, et plus souvent en 40.

Dès que les eaux sont parvenues à leur plus grande hauteur, on rejette par les épanchoirs de Bernassonne et de Lampy, l'eau surabondante à celle qui est nécessaire pour rafraîchir la surface de Saint-Ferriol, et pour les besoins de la navigation.

L'attention pour le manœuvrage des eaux

dans la montagne, est plus necessaire à cette époque qu'à toute autre, à cause des pluies du printems,

1°. Pour ne pas surcharger le réservoir de Saint-Ferriol, dont le débit se trouve nécessairement fixé aux vannes de trop-plein, la rivière de Sor étant abondante;

2°. Pour rendre lors des fortes pluies, à la plaine de Carcassonne, les eaux qui coulaient naturellement par les ruisseaux de Bernassonne et de Lampy avant la construction du canal, et ne pas inonder la plaine de Revel.

En prairial (mars et juin), on fait toutes les réparations de la rigole de la montagne. Cette époque a été choisie pour la confection de ces travaux, parce que la rivière de Sor a encore beaucoup d'eau ; et qu'en cas d'insuffisance, le réservoir de Saint-Ferriol se trouvant plein, une partie de ses eaux peut suppléer à ce qui manque à la navigation.

Dans le mois de fructidor (août et septembre), le canal et la rigole de la plaine sont mis à sec pour les réparations et les curemens qu'on est obligé d'y faire. On ferme alors la prise de Pont-Crouzet, et l'on rejette aux Thomases le trop-plein du bassin de Saint-Ferriol. Dès que les travaux de la

rigole

rigole sont terminés, on lui *donne les petites eaux* afin d'en humecter la base et les talus, et les préparer à recevoir les grandes eaux du réservoir de Saint-Ferriol pour le rétablissement de la navigation : arrivées à Naurouse, elles sont versées dans le Fresquel, le canal ne pouvant pas encore les recevoir.

Les travaux du canal sont ordinairement finis à la fin de vindémiaire (la fin d'octobre); c'est aussi l'époque où l'on donne le grand volume de Saint-Ferriol.

Ce volume n'est pas le même tous les ans; il est déterminé par l'ingénieur en chef qui sait par un calcul très-simple, le surplus des eaux qui sont nécessaires pour completter celles qu'on a gardées dans les différentes retenues où il n'y a pas eu de grands travaux à exécuter, et qui connaît en outre l'état des sources, des réserves et des prises de Sor, de Fresquel, d'Orviel, d'Ognon et de Cesse.

Les eaux du réservoir de Saint-Ferriol rendues à leur plus grande hauteur, et les sources se trouvant nourries, huit ou dix jours suffisent pour remplir le canal.

Dans les années où l'on a éprouvé des sécheresses, il a fallu près d'un mois pour rétablir la navigation qui a été même pénible dans son commencement. Saint-Ferriol et Lampy, dont les eaux étoient basses, fournissaient seuls de Toulouse à Fonseranne, les prises intermédiaires étant presque nulles.

Les grandes eaux mettent de douze à quatorze heures pour aller de Saint-Ferriol au point de partage, et parcourent dans ce tems $38077^{m},420$ (19543 toises).

Le grand volume de Saint-Ferriol ne peut excéder $29512^{m},420$ (14647 toises cubes), mesurés par heure au point de partage, sans exposer la rigole à des submersions qui pourraient emporter les berges faibles, et occasionner des dégradations considérables.

Bassin de Lampy. — Le bassin de Lampy avait été projeté dans l'origine avant qu'on eût déterminé l'emplacement de celui de Saint-Ferriol, qui fut jugé suffisant comme réserve d'eau (1).

On a construit le bassin de Lampy à l'occasion du canal de Narbonne, et pour fournir aux dépenses de ce canal. La digue de barrage de ce réservoir n'a que $116^{m},904$ (60 toises) de longueur à son couronnement, réduite à $68^{m},194$ (35 toises) à sa base; et $16^{m},236$

---

(1) Notes et pièces justificatives, n° 1.

(50 pieds) de hauteur : elle est attachée aux rochers qui resserrent le vallon dans cette partie. Cette digue est établie sur un massif de fondation de $13^{m},963$ (43 pieds) d'épaisseur sur $1^{m},948$ (6 pieds) de hauteur, lequel est lui-même fondé sur le roc vif.

Les paremens extérieur et intérieur de cette chaussée faits de granit trouvé dans le lieu même, disséminé en gros blocs, sont élevés avec talus. Le parement extérieur est en outre contenu par des contreforts, qui ont pour base un socle sur lequel s'élève le massif du contrefort.

La hauteur de la chaussée n'étant que de de $16^{m},236$ (50 pieds), il a été aisé de régler la manœuvre des eaux avec des vannes, au lieu de robinets ainsi qu'on l'a pratiqué au bassin de Saint-Ferriol, et voici les changemens qui en ont résulté dans le plan de l'ouvrage.

La hauteur de $16^{m},236$ (50 pieds) a été divisée en quatre parties de $4^{m},221$ (13 pieds) chacune. A cette distance on a pratiqué des voûtes de $0^{m},974$ (3 pieds) de hauteur sur une largeur égale, disposées en sautoir les unes au dessus des autres. On a fermé ces pertuis avec des vannes. Mais pour pouvoir faire la manœuvre des eaux, il a fallu diviser le parement intérieur de la chaussée en retraites de 1^{m},298 (4 pieds) de largeur, dans l'épaisseur desquelles on a construit des escaliers destinés à descendre à ces vannes pour pouvoir les lever plus facilement. Il existe quatre de ces retraites, et comme le talus du parement intérieur est de 0^{m},027 pour 0^{m},324 (1 pouce pour pied), l'épaisseur de la chaussée à son couronnement s'est trouvée réduite à 5^{m},295 (16 pieds).

La chaussée contient au total 11834^{m},560 (1600 toises cubes) de maçonnerie.

Il est à regretter qu'un ouvrage dont on ne saurait trop admirer la beauté de la composition et de l'exécution, ait péché dans l'origine un peu par la solidité. Au lieu de bâtir cette chaussée toute en maçonnerie de moëllon à bain de mortier, on aurait dû employer, ce qui semble absolument nécessaire dans de pareils barrages, un terrassement en bonne terre glaise entre le mur de face et le mur intérieur, afin de s'opposer par-là à l'infiltration continuelle des molécules d'eau à travers le corps de la maçonnerie.

D'après cette considération, que l'eau dépose à la rencontre de tout obstacle, on a cherché à suppléer à cette inattention d'une manière assez ingénieuse, en jetant au devant du parement intérieur une grande quantité de chaux éteinte que l'eau a délayée, qu'elle a ensuite entraînée, déposée dans les interstices de la maçonnerie, et conduite jusqu'à la surface du parement extérieur, où elle a formé, en s'emparant du gaz acide carbonique de l'athmosphère, une légère couche de pierre calcaire revivifiée. Le grand mur du bassin de Lampy ainsi tapissé d'une matière très-blanche, offre dans ce vallon agreste un coup d'œil assez piquant. Après un certain nombre d'opérations de ce genre, les filtrations ne se sont plus manifestées au dehors, ce qui a dû annoncer que les interstices étaient remplis.

Le réservoir de Lampy contient 3698290 m.cub. (500000 toises cubes) d'eau; mais la dépense du canal de Narbonne est si considérable, qu'il absorbe en moins de quinze jours toute cette quantité d'eau, qui avait cependant été estimée devoir servir à son entretien pendant toute l'année : le grand canal est obligé de subvenir à l'excédent de la dépense.

Le plan du réservoir de Lampy est dû à feu l'ingénieur en chef Garipuy, homme d'un grand mérite, et bien digne de tous les regrets que sa perte a excités.

Bassin de Naurouse. — Le bassin de Naurouse est situé à 12$^{\text{kil.}}$ (6 milles) de Castelnaudary, à l'extrêmité de la rigole et au point le plus bas de la sommité de cette arête ou contrefort qui fait la séparation des eaux entre les deux mers.

Le bassin de Naurouse est creusé dans le roc; sa figure est celle d'un octogone oblong dont les faces sont de 132^{m},491 (68 toises), et qui a 1059^{m},929 (544 toises) de pourtour. Sa longueur est de 389^{m},680 (200 toises), et sa largeur de 292^{m},260 (150 toises). Il est revêtu de pierre de taille.

Il y avait toujours dans ce bassin 2^{m},273 (7 pieds) d'eau que la rigole lui amenait, et que l'on fournissait aux deux lignes de navigation vers l'Océan et vers la Méditerranée, par des écluses situées à deux de ses angles.

Le bassin de Naurouse s'est comblé par les dépôts successifs des eaux de la rigole. On eût pu prévenir cet atterrissement en faisant un manœuvrage de vases pareil à celui de Saint-Ferriol, au moyen de l'épanchoir qui verse les eaux dans le Fresquel.

Ce terrain d'alluvion est aujourd'hui planté

de peupliers. On a conservé une rigole intérieure le long des quais, pour pouvoir conduire les eaux jusqu'aux deux écluses du Médecin et de Montferran qui soutiennent la retenue du Médecin, ou retenue du point de partage (1). A la première de ces écluses, on mesure la portion des eaux nécessaire à la branche orientale du canal pour sa dépense journalière ; et à la seconde, celle qui est nécessaire à la branche occidentale jusqu'à la Garonne.

Pendant le cours de la navigation, l'on observe de ne laisser arriver au point de partage, que les eaux nécessaires à sa dépense journalière qui est fixée à 57752$^{\text{m. cub.}}$ 652 (7808 toises cubes) par 24 heures.

Ce volume est divisé, savoir les deux tiers pour la branche orientale, le tiers restant pour la branche occidentale. On devrait établir, pour cette distribution, une mesure invariable, et indépendante de la négligence

(1) On appelle *retenue* une portion d'un canal de navigation comprise entre deux écluses. Celle qui soutient les eaux appartient seule à la retenue; sans elle en effet, cette retenue n'existerait pas. Il n'y a que la retenue du point de partage qui ait deux écluses, parce qu'elle se trouve à l'origine de deux versans.

ou de la mauvaise volonté des éclusiers des deux écluses de la tête d'eau.

J'ignore, comme nous le verrons dans le chapitre suivant, si l'on a déterminé invariablement dans quel rapport les eaux de Naurouse devraient être distribuées sur les deux versans.

Le rétablissement du bassin de Naurouse, et l'agrandissement dont il est susceptible, paraissent commandés par des considérations d'une importance majeure. Ce bassin serait une réserve qui équivaudrait à toute autre, en égalisant ou réglant à volonté la fourniture des eaux pendant l'année de navigation ; en recevant et retenant pendant le chomage les eaux inférieures à Saint-Ferriol, qui s'écoulent pendant près de 40 jours en pure perte ; enfin en servant de grande cale où resterait la plus grande partie des dépôts que les eaux amènent dans le canal par le défaut de cet intermédiaire, et qui seraient ensuite enlevés, soit par des manœuvrages d'eau, soit en faisant agir un ponton qui entretiendrait le curement de ce réservoir.

La première partie du projet se bornerait au rétablissement de l'ancien bassin, avec un médiocre rehaussement aux digues, que l'on effectuerait au moyen des terres provenant du curement. On sent qu'il conviendrait de relever à proportion le quai qui borde le bassin, ainsi que les autres maçonneries.

Dans cet état, le bassin de Naurouse pourrait contenir près de 443766 mètres cubes (60000 toises cubes) d'eau supérieure au niveau de l'écluse du Médecin.

La seconde partie du projet aurait pour but de donner à ce bassin tout l'agrandissement dont il est susceptible, et comme il y a 5^{m},845 (18 pieds) de chûte depuis le niveau de la rigole en amont des moulins, jusqu'au niveau de la retenue du Médecin, en profitant de toute cette hauteur, et en éloignant du centre les digues à mesure qu'elles seraient rehaussées, on pourrait peu à peu, et au bout de quelques années, porter la capacité de ce bassin à $887^{m.\,cub.}592$ (120000 toises cubes).

§ II.

De la rivière de Garonne à l'écluse d'Argens, ou à la grande retenue.

Nous diviserons ce paragraphe en trois articles, savoir : du point de partage à la

Garonne, du point de partage au Fresquel, et du Fresquel à l'écluse d'Argens, ou à la grande retenue.

Cette étendue de la ligne navigable comprend, pour la distribution, l'ordre et la surveillance de la police et des travaux, près de cinq divisions confiées chacune à une administration particulière, ayant à sa tête l'ingénieur directeur des travaux. Ces divisions sont celles de Toulouse, Naurouse, Castelnaudary, Trèbes et le Somail. La grande retenue appartient à la dernière division; mais nous l'avons séparée à cause de son importance, pour en faire un article particulier.

Du point de partage à la Garonne. — L'idée de l'ingénieur du canal du Midi avait été d'abord de descendre du point de partage à la Garonne, par la rivière de Lers qu'il aurait rendue navigable en y établissant des écluses. Mais ce premier appercu fut ensuite rectifié par l'observation des localités, et par une étude plus réfléchie des inconvéniens que présentait la rivière de Lers qui est un véritable torrent. Il arrêta donc en principe de tracer le canal à mi-côte, et de le tenir assez élevé pour qu'il ne fût point atteint par les inondations des rivières dans le bassin desquelles il était conduit. Le canal entre Naurouse et la Garonne fut donc rejeté sur le revers des collines qui séparent l'Ariège et la Garonne du Lers, et qui se terminent par une pointe très-aiguë au *Pech-David*, un peu au dessus de Toulouse.

Le plan du canal est assujetti aux différens contours ou sinuosités des terrains le long desquels il est conduit, et son profil dépend de la nature de ces mêmes terrains. On a arrêté depuis long-tems un profil général auquel on se conforme pour toutes les réparations d'entretien. Le canal étant tracé dans les terres, et soutenu dans la plus grande partie de son cours par des digues en terre, sa coupe transversale est formée de trois trapèses contigus, dont celui du milieu qui marque le lit du canal, a sa grande base à la partie supérieure. On doit distinguer dans le profil, la largeur de la base du canal, l'inclinaison de ses talus, la ligne du niveau de la navigation, la largeur de la berme avec sa bordure d'iris ou joncs plats, qui sert à défendre les terres contre le batillage des eaux, le bord extérieur, la largeur et la pente du chemin de hâlage et de la banquette du large, la forme des digues et leur culture, le talus extérieur des digues, et dans ce talus le profil des contre-canaux, et les pierres qui marquent le bornage.

La largeur du canal du Midi à la surface de l'eau, est de 19^{m},482 (60 pieds); dans le fond, de 10^{m}, 391 (32 pieds) ; sa profondeur, de 1^{m},948 (6 pieds); la largeur des francs-bords, de 11^{m},688 (6 toises.)

Dans le tracé que l'on a suivi, le canal croise la direction du Lers, qui coule pour lors sur sa droite depuis Villefranche jusqu'à Toulouse; et entre ces deux points, il donne passage, sous divers ponts-aqueducs, aux affluens du Lers qui croisent à leur tour le canal pour se rendre à leur récipient.

Le plus remarquable de ces aqueducs est celui de Saint-Agne près de Toulouse, construit en 1766, et qui est fait en siphon renversé. Comme la rigole d'entrée du ruisseau de Saint-Agne est beaucoup plus élevee que la rigole de sortie, il a fallu suivre, en quelque sorte, la pente rapide du terrain ; mais on a dû la tempérer en pliant un peu le profil, ce qui lui a donné la forme d'un siphon dont les branches sont très-évasees. La vîtesse due à la différence de niveau dont nous avons parlé, fait que le ruisseau traverse l'aqueduc sans y déposer de *troubles*.

Il n'y a de Naurouse à Toulouse que des écluses doubles et simples.

Le canal, après avoir circulé autour de la ville de Toulouse l'espace d'une lieue, et y avoir été soutenu par 4 écluses, débouche à la Garonne au dessous de la digue établie sur cette rivière pour le jeu des 17 meules du moulin du Bazacle. Il eût été sans doute avantageux pour le commerce qu'on eût conduit le canal dans les fossés de Toulouse; mais la ville elle-même s'opposa à ce projet qu'on avoit eu dessein d'exécuter dans l'origine. En 1752 les capitouls contrarièrent un autre projet, qui consistait à creuser une branche de canal pour amener les barques jusqu'au centre de la ville.

On se contenta, en 1773, de dériver de la Garonne au dessus de la chaussée du Bazacle, un canal de 1558^{m}, 720 (800 toises) de longueur, qui aboutit au grand canal entre les deux dernières écluses. Cet embranchement est destiné à faciliter à Toulouse l'embarquement des marchandises, de celles sur-tout qui descendent de la Haute-Garonne, comme bois de construction, de flottage, etc., et qui sont destinés pour Bordeaux ou pour la Méditerranée.

Après avoir suivi une navigation sûre

d'environ 22 myriamètres (40 lieues de 3061 toises) par le canal du Midi, les marchandises de la Méditerranée arrivées à Toulouse, ont un même trajet à faire sur la Garonne pour être rendues à Bordeaux. La partie de cette rivière, depuis Toulouse jusqu'à la pointe de Moissac, où le Tarn se jette dans la Garonne, est embarrassée de beaucoup d'obstacles qui gênent sa navigation. Cela provient en partie des ouvrages défensifs que font plusieurs riverains pour protéger leurs héritages. Mais la véritable cause et la plus pernicieuse est la digue du Bazacle qui, en arrêtant le cours de la rivière, diminue la quantité et la vîtesse des eaux dans la partie au dessous, ce qui occasionne les bas-fonds et les atterrissemens que l'on y remarque : ils sont si considérables à l'embouchure du canal, qu'il faut 20 bateaux de la Garonne pour le chargement d'une seule barque du canal. L'administration du Languedoc faisoit un fonds annuel de 25000 francs pour entretenir le cours de la rivière entre Toulouse et Moissac. Peut-être eût-il été utile de continuer le canal jusqu'au Tarn, parce que depuis ce point, la navigation de la Garonne est assez praticable jusqu'à la mer.

Du point de partage à la rivière de Fresquel. — Le premier apperçu du projet de jonction des deux mers, qui avait porté l'ingénieur du canal du Midi à se servir de la rivière de Lers depuis Naurouse jusqu'à la Garonne, l'avait engagé à descendre du même point à la rivière d'Aude par celle du Fresquel; et, comme les mêmes inconvéniens existaient pour l'une et pour l'autre de ces directions, elles furent abandonnées toutes deux.

Au lieu d'être conduit dans la vallée de Fresquel, le canal fut rejeté dans le vallon du Tréboul qui est un confluent du Fresquel, et qui se trouvant plus élevé que lui, permit une distribution de pente plus régulière pour l'emplacement des écluses: tracé d'ailleurs sur une contre-pente et assez près du sommet, il n'eut à craindre les eaux sauvages qu'en petite quantité, ce qui permit de s'en débarrasser au moyen de cales.

Le volume des eaux fournies par ces collines est si peu considérable, que le premier aqueduc que l'on trouve est celui du Tréboul, au moyen duquel ce ruisseau traverse le canal pour aller se joindre au Fresquel, et c'est à plus de 24 kil. (12 milles) du point de partage. Un peu au delà de l'aqueduc du Tréboul, est celui de Mesuran dont Bélidor a donné une description (1) que nous allons rapporter sans nous y astreindre rigoureusement.

Nous observerons, pour l'intelligence de cette description, qu'il existe au dessus de l'aqueduc et dans le côté foible du canal, un épanchoir à fond qui sert à vuider dans la rigole de sortie de l'aqueduc, et de là dans le Tréboul, les eaux de la retenue de Villepinte, lorsqu'il s'agit de la mettre à sec pour quelques réparations.

L'aqueduc de Mesuran a deux puisards revêtus en maçonnerie, l'un à l'entrée et l'autre à la sortie de l'ouvrage. La hauteur de l'aqueduc sous clef est de 1 ^{m},623 (5 pieds); son radier est construit en voûte renversée, mais il n'est point réglé de pente; il forme au tiers de sa longueur à peu près, une ligne brisée qui élève l'entrée de l'aqueduc de 1 ^{m},984 (6 pieds) au dessus du fond du puisard qui lui correspond. Cette disposition a lieu afin de n'admettre que les eaux de superficie, après qu'elles ont abandonné leurs *troubles*. L'objet principal du second

(1) Bélidor, architecture hydraulique, tome 4, page 416.

puisard

puisard est d'empêcher qu'il ne se forme un affouillement par la chûte des eaux de l'épanchoir à fond; et pour soutenir en même tems l'impétuosité des eaux, on a construit en pierres de taille disposées en cintre, le mur en glacis du puisard opposé à la chûte. Au reste on a soin de curer de tems en tems la vase qui s'amasse dans les deux puisards.

Pour garantir la voûte de l'aqueduc des filtrations des eaux du canal, on l'a recouverte d'une chape de ciment.

La partie du canal entre Naurouse et le point où le Fresquel se joint à la rivière d'Aude, est située sur le versant méridional du contrefort qui sépare les eaux des deux mers. Ce versant, d'après la topographie générale du terrain, forme contre-pente; aussi les écluses s'y trouvent rapprochées et en grand nombre, et la plupart sont multiples.

En partant de Naurouse, on trouve successivement l'écluse du Médecin, celle du Roc, de Laurens, de la Domergue, de la Planque, et enfin l'on arrive à l'écluse quadruple de Saint-Roch près de Castelnaudary.

Le canal forme au dessous de la ville un bassin naturel assez considérable, dont le demi-contour méridional est revêtu. La navigation des barques se dirige ordinairement de ce côté; et comme le retour du bassin, avant d'arriver au port, est exposé à la violence du vent d'est, on a couvert ce retour par une île revêtue en maçonnerie et plantée de saules, qui rompt l'action du vent.

Le bassin de Castelnaudary fournit à la dépense de l'écluse multiple de Saint-Roch, et au jeu d'un moulin à deux meules qui lui est contigu.

Le trop-plein du bassin est versé dans Tréboul, au moyen d'un épanchoir à fond, situé par conséquent dans le côté méridional.

Afin de donner une idée du mouvement de la navigation qui a lieu sur le canal du Midi, nous rapporterons à la fin du chapitre le tableau du nombre de barques qui ont passé à l'écluse de Saint-Roch depuis le 15 septembre 1784, jusqu'au 19 août 1786, et celui de la quantité d'eau qui est arrivée du point de partage à cette écluse, et au moulin qui lui est accolé. On observera que la pénurie des eaux avait été sensible pendant ces deux années, en comparaison des dix années qui les avaient précédées, quoique la navigation se fût trouvée à peu près égale.

L'on peut évaluer la dépense d'un empèlement de l'écluse de Saint-Roch pendant une heure à 8136$^{m. cub.}$ (1100 toises cubes) parce que l'on considère que la dépense naturelle est à la dépense effective dans le rapport de 15 à 11, ce qui est assez bien justifié par l'expérience.

L'on a estimé, d'après les mêmes principes, la dépense d'une meule du moulin haut de Saint-Roch, pendant le même tems, au dixième de celle de l'empelement; et le travail complet du moulin, à 12 heures par jour pour chaque meule, à raison des chomages.

Enfin on doit compter, d'après les mesures de la capacité de l'écluse de Saint Roch, et d'après l'observation exacte de la manœuvre des eaux dans les sas accolés, que la dépense pour chaque barque marchande doit être à cette écluse, et en général à une écluse quadruple, pour la montée, de 3698$^{m. cub.}$ (500 toises cubes); pour la descente de 1464$^{m. cub.}$ (1958 toises cubes).

L'on peut, d'après ces données, tirer du tableau ci-après des résultats que nous ne nous arrêterons point à indiquer.

Entre Castelnaudary et Carcassonne l'on ne rencontre, en fait d'ouvrages remarquables, que l'aqueduc de Mesuran que nous avons décrit; la prise de Fresquel qui a long-tems gêné la navigation, et le nouveau canal de Carcassonne dont nous allons rendre compte.

Canal de Carcassonne. — Lorsque l'on construisit le canal du Midi, l'on proposa aux habitans de Carcassonne de le faire passer auprès de leur ville, à condition qu'ils contribueraient d'une certaine somme aux frais de l'entreprise. Mais ceux qui savent combien l'exécution des grands projets est contrariée par une multitude d'intérêts particuliers qui se trouvent en opposition avec l'intérêt général, ne seront point étonnés que la ville de Carcassonne eût rejeté une proposition aussi avantageuse pour son commerce. Le canal fut donc conduit dans un vallon distant de cette ville d'environ 2 kil. (une demi-lieue).

La rivière de Fresquel, qui suit le même vallon, fut reçue dans le lit du canal. Cette introduction entraîna les inconvéniens que produiront toutes les rivières qu'on admettra dans les canaux navigables; elles tendront toujours à interrompre la navigation pendant les crues, et à combler leur lit par les alluvions. D'un autre côté, les digues qu'on est obligé de construire pour retenir ces eaux et les élever à la hauteur de celles du canal, occasionnent un retard dans leur écoulement, et augmentent l'étendue des débordemens. Il est vrai que pour pouvoir se débarrasser de ces eaux qui affluent en grand volume, les digues de barrage sont percées d'épanchoirs à fond ; mais leurs pertuis sont insuffisans. Les piles des épanchoirs deviennent autant d'obstacles qui favorisent les ensablemens ; et les eaux, forcées de se répandre à droite et à gauche dans les eaux mortes du canal, prolongent les dépôts jusqu'aux limites des effets de l'inondation qui s'étendent souvent très-loin.

Le Fresquel, torrent qui reçoit toutes les eaux du vaste bassin compris entre Naurouse et Carcassonne, réunissait éminemment les inconvéniens que nous venons de détailler. Son cours est d'environ 3 myriamètres (7 lieues). Ses eaux sont toujours troubles, parce qu'elles coulent dans l'endroit le plus bas d'un vallon dont les terres sont très-bien cultivées, et dans un pays où il pleut fréquemment.

Pour tâcher de remédier aux désordres de cette rivière, on avait proposé depuis long-tems deux projets. L'un consistoit à resserrer le Fresquel, et à lui former un lit à travers le canal, en défendant ce dernier des crues du torrent par deux demi-écluses; l'autre à construire un aqueduc sous lequel les eaux du Fresquel auroient traversé le canal.

Par le premier projet on avait dessein de diminuer l'étendue des alluvions; mais la navigation eût toujours été interrompue dans les crues, et le resserrement des eaux aurait augmenté les ravages causés par les débordemens.

Le projet du pont-aqueduc présentait au contraire le double avantage d'interdire pour toujours au Fresquel son entrée dans le canal, et de supprimer la digue de barrage si nuisible aux propriétaires riverains.

Pendant qu'on délibérait sur le parti qu'on devait prendre, les habitans de Carcassonne, dans un mémoire qu'ils présentèrent au mois de décembre 1777, fixèrent l'attention sur ce dernier projet. Ils représentèrent que la construction d'un pont-aqueduc nécessitant le tracé d'une nouvelle branche de canal, afin d'atteindre la hauteur nécessaire pour son établissement, le grand canal pourrait se trouver par-là rapproché de la ville de Carcassonne. Les habitans de cette commune offraient d'ailleurs de contribuer aux dépenses d'une entreprise qui devait les faire participer à des avantages qu'on avait dédai nés dans l'origine.

Les ci-devant états de Languedoc se firent rendre compte le 12 novembre 1778, du plan proposé par la ville de Carcassonne. Garipuy fils, ayant trouvé des erreurs dans la levée et le nivellement du terrain, fit un autre rapport et proposa un nouveau projet le 11 décembre 1779. Mais le projet définitif, tel qu'on l'exécute aujourd'hui, ne fut adopté que le 9 février 1786. Voici en quoi il consiste.

Le canal du Midi doit être abandonné au dessus de l'écluse triple de Foucaud. La nouvelle branche passera sous les murs de Carcassonne où l'on construira un port. La rivière de Fresquel sera détournée de son lit, et celui qu'on lui tracera au dessus de l'écluse de Fresquel coupera perpendiculairement la nouvelle branche, et dans cet emplacement on construira le pont-aqueduc projeté. Les trois écluses de Foucaud et les deux de Vilaudy seront remplacées parginq autres écluses situées, l'une à l'avaldu port, la seconde près de la métairie de Saint-Jean, et les trois autres établies immédiatement au dessous du pont-aqueduc, formeront avec l'ancienne écluse de Fresquel un corps de quatre sas accolés.

L'on a fait depuis environ dix années, une partie du creusement de ce canal, et notamment la fouille pour l'emplacement du pont-aqueduc. Les travaux qui avaient été suspendus pendant la révolution, sont repris depuis deux ans. Le gouvernement fait pour cet objet un fonds annuel de 200000 francs, pris dans la caisse du canal. L'on a construit pendant les campagnes de l'an 6 et de l'an 7, le port de Carcassonne, l'écluse et le pont qui lui sont contigus.

La partie du canal du Midi depuis Naurouse jusqu'à Carcassonne, est alimentée par les eaux qui sont amenées du point de partage; et depuis Carcassonne jusqu'à la mer par diverses prises d'eau. Le Fresquel était une de ces prises d'eau. On la conservera en faisant au moulin de la Seigne, un canal de dérivation au moyen d'une digue établie diagonalement dans son lit, et qui le barrera en entier. L'objet de cette digue, comme de toutes celles de ce genre, est de relever les eaux pour pouvoir les porter à la hauteur de celles du canal; mais en même tems ces digues sont tenues assez basses pour servir de déversoirs, et on les perce en outre d'un épanchoir à fond qui sert à rejeter dans le lit naturel de la rivière pendant les crues, les eaux sauvages qui se rendraient par la rigole dans le lit du canal: enfin pour pouvoir être entièrement maître des eaux, l'on établit dans le lit même de la rigole, une demi-écluse busquée du côté de la partie amont de la rivière. Les bermes qui forment les rigoles sont fortifiées par des perrés à pierre sèche, et garanties par des épis dont l'objet est d'éloigner les eaux qui les atteindraient dans les inondations.

Après la prise de Fresquel, vient celle d'Orviel près de Trèbes. Sa rigole de dérivation a environ 800^{m},000 (400 toises) de longueur. Le canal traverse cette rivière sur un pont-aqueduc de trois arches d'une très-belle exécution.

Au delà d'Orviel le canal du Midi passe dans le défilé très-étroit compris entre l'étang de Marseillette et la rivière d'Aude. On a protégé par des épis et des ouvrages en clayonnages, le côté du canal qui regarde cette rivière dont les crues occasionnent les plus grands désordres.

A trois milles de Marseillette, on trouve l'aqueduc d'Argendouble ou de la Redorte, à quelques milles au delà l'écluse d'Argens, et au dessous la grande retenue dont nous allons nous occuper.

§ III.

De la grande retenue.

La grande retenue commence au dessous de l'écluse d'Argens ; elle est croisée sur sa gauche par le torrent de Répudre qui passe sous un pont-aqueduc, et reçoit au-delà, comme prise d'eau, la rivière de Cesse ; elle alimente par sa rive droite le nouveau canal de Narbonne, traverse la montagne de Malpas, et verse ses eaux dans la rivière d'Orb par l'écluse octuple de Fonseranne, qui la soutient au même niveau sur un développement d'environ 53,147$^{m.}$ (27,532 toises).

Au delà de l'écluse d'Argens, et vers Roubia, le canal du Midi est creusé dans le roc sur une longueur de 291$^{m.}$ (150 toises).

Aqueduc de Répudre. — A environ quatre milles d'Argens on trouve le torrent de Répudre que, dès le tems de la construction, l'on a fait passer sous un pont-aqueduc de 9^{m}, 725 (5 toises) de large, et 3^{m}, 896 (2 toises) de hauteur.

L'aqueduc de Répudre et d'autres établis à la même époque, prouvent qu'on avait senti dès l'origine l'utilité de ces sortes d'ouvrages. Cependant on a prétendu que les ponts-aqueducs avoient été indiqués par Vauban comme la dernière perfection à donner au canal du Midi ; nous remarquerons plus bas (chap. V), que d'autres lui ont attribué la gloire d'en avoir dirigé les travaux. Ces deux assertions méritent d'être discutées ; nous allons nous occuper de la première, et nous renvoyons à la note 5 l'examen de la seconde.

Vauban fut chargé en 1686, de faire la visite du canal du Midi dont la navigation étoit en vigueur depuis 1681. On sait que, frappé d'admiration en parcourant ce chef-d'œuvre d'hydraulique, il ne put s'empêcher de rendre un témoignage éclatant au génie des auteurs de ce beau projet (1). Il ne regarda pas même cette entreprise comme indigne d'y appliquer ses talens ; il donna des idées de perfection qui prouvent elles seules qu'il n'avait eu aucune part à l'exécution qu'on lui attribue.

On avait été obligé dans l'origine, pour

---

(1) Encycl. méth. art militaire, première partie, au mot *canal.*

diminuer les frais de construction, de faire de simples chaussées dans les endroits ou les rivières croisaient la direction du canal, pour se rendre à leurs récipiens, et d'admettre ces rivières dans son lit Il n'existait que quelques aqueducs, mais en petit nombre. Les rivières affluentes charriaient pendant les crues, des *troubles* qui produisaient des désordres réels. En outre l'abondance d'eau qui surchargeait le côté faible, pouvait occasionner en plusieurs endroits des ruptures subites. De pareils dommages très-coûteux à réparer, étaient d'autant plus importans à prévenir, qu'ils auraient mis en danger la navigation et l'état du canal. Vauban remédia au funeste effet des affluens, en ne dérivant que les eaux présumées nécessaires, et faisant passer l'excédent sous des aqueducs dont il augmenta considérablement le nombre. Il rendit par là des services essentiels à la navigation et aux propriétaires, mais l'ouvrage en lui-même ne gagna rien. Ce fut en 1688 qu'on régla les 54 nouveaux aqueducs du canal; on supprima par leur moyen 54 prises: ces ouvrages ont à la vérité diminué l'envasement du canal, mais ils ont en même tems augmenté la pénurie des eaux.

Il n'est pas surprenant qu'avant cette époque, on eût fait moins d'attention à la consommation énorme de l'écluse multiple de Fonseranne, parce qu'on voit qu'il y avait des eaux surabondantes, et que dans le projet de 1668, de joindre la Robine au grand canal, on ne parle pas de prises à faire ; c'était en effet servir le canal que d'évacuer les eaux troubles et surabondantes qu'il recevait alors : nous reviendrons tout à l'heure sur ce dernier point à l'occasion du canal de Narbonne.

En relevant ainsi une erreur dans laquelle on est tombé au sujet de Vauban, je serais bien faché qu'on pût me soupçonner de vouloir déprécier ce grand homme. Je sais qu'on doit le regarder comme un habile ingénieur, un bon militaire et un excellent citoyen ; mais par cela même qu'il posséda toutes les vertus, il eût été peu flatté d'une gloire à laquelle il n'aurait pas eu la plus légère part.

Reprenons notre sujet.

Epanchoirs à siphon. — Le grand nombre de torrens qui croisent la direction du canal du midi, firent établir, lors de la construction de ce bel ouvrage, les ponts-aqueducs, les déversoirs à fleur d'eau, et les épanchoirs à fond pour être les régulateurs de toutes les eaux qui semblaient se réunir pour l'attaquer et le détruire. Les premiers, en donnant aux eaux sauvages et aux affluens une issue par dessous le canal, préviennent tout dommage. Les seconds établis latéralement, en vidant le trop-plein, servent à entretenir le canal dans les tems ordinaires, à la hauteur réglée pour la navigation. Mais on ne doit pas se dissimuler que l'effet des déversoirs de superficie ne soit bien médiocre, sur-tout lorsque les eaux surviennent abondamment, parce que les eaux animées de cette vîtesse d'impulsion que détermine leur tendance vers la retenue inférieure, glissent le long de l'ouverture de ces déversoirs, plutôt qu'elles ne s'échappent par cette ouverture.

Les épanchoirs à fond produisent un plus grand effet à raison de la pression de la colonne d'eau supérieure; mais leur emploi exige qu'on lève les empèlemens; ce qui peut être oublié, sur-tout la nuit, et cela rend leur service fort incertain.

L'expérience d'une navigation de plus de cent ans a démontré que, malgré la grande quantité d'aqueducs, de déversoirs et d'épanchoirs, le canal du Midi était quelquefois exposé à des brêches occasionnées par des pluies d'orage qui rehaussaient de plus de 2 mètres (1 toise) le niveau ordinaire du canal. Nous n'en citerons qu'un exemple. Le 16 novembre 1766, un orage des plus violens vint fondre sur le Languedoc; les digues furent renversées et les chaussées abattues; les rivieres regonflèrent au point d'entrer dans le canal pardessus ses bords; elles le comblèrent en partie et firent plusieurs ruptures. La plus considérable fut celle de Capestang. Malgré 10000 ouvriers qu'on y employa de suite, la navigation fut interrompue pendant près de deux mois, et la réparation de cette brêche, faite en maçonnerie, coûta des sommes énormes.

La grande retenue qui, comme nous l'avons déjà observé, est soutenue à mi-côte sur un développement de 53653^{m},436 (27,532 toises) afin que les inondations de la rivière d'Aude ne puissent pas l'atteindre, devenant le récipient de toutes les eaux sauvages et bourbeuses des montagnes qui l'avoisinent, se trouvait quelquefois endommagée, soit qu'on n'eût pas ouvert assez à tems les épanchoirs, soit qu'il entrat dans le canal plus d'eau qu'on n'en pouvait vider; il fallait donc trouver un moyen pour se mettre à l'abri de ces deux inconvéniens : ou y est parvenu en construisant les épanchoirs à siphon. Cette invention, aussi ingénieuse qu'utile, est due à feu Garipuy fils, qui jeune encore, avait fait preuve de beaucoup de talens.

Les épanchoirs à siphon, comme les autres épanchoirs, sont pratiqués dans le côté faible, parce que le fond du canal est toujours plus élevé que le terrain naturel au delà de ses francs-bords, ou du moins se trouve au niveau de ce terrain naturel. Pour pouvoir établir un ouvrage de ce genre, il a fallu commencer par fonder un massif en maçonnerie au dessus du plan du fond du canal, et élever sur ce massif un autre corps de maçonnerie, dans lequel on a pratiqué un ou plusieurs canaux rectangulaires courbés exactement comme les branches d'un siphon. L'on voit dans la grande retenue deux épanchoirs à siphon, l'un près de Capestang, et l'autre près de Ventenac ; le premier a été construit en 1776, et le second en 1778.

L'entrée de la branche aspirante de chaque siphon de Ventenac est de $0^{m},654$ (2 pieds) au dessus du fond du canal, et leur sortie qui correspond à la rigole de vidange, à l'arrase du du dessus du massif de fondation. Il existe sur le devant une plate-forme pour prévenir la fouille des eaux. Le corps du siphon a dans ses deux branches et dans sa courbure les mêmes dimensions de 1^{m},308 (4 pieds) de hauteur, sur 0^{m},486 (18 pouces) de largeur; et comme la partie inférieure de la courbure du siphon se trouve au niveau de la surface des eaux du canal dans son état ordinaire, on voit qu'il faut que ces eaux s'élèvent de 0^{m},486 (18 pouces) pour pouvoir atteindre la courbure supérieure, remplir tout le vide du corps du siphon, et agir par la pression de l'atmosphère comme les siphons qu'on voit communément. Une fois mis en action de cette manière, les siphons ne cesseraient d'aller, et toute l'eau du canal serait vidée jusqu'à 0^{m},654 (2 pieds) au dessus du fond; mais afin de ne point faire de consommations inutiles, et de conserver les eaux à la hauteur nécessaire pour la navigation, l'on a ménagé à chaque siphon une ventouse de 0^{m}, 162 (6 pouces) en carré placée horizontalement à 0^{m}, 486 (18 pouces) au dessous du niveau ordinaire des eaux; elle introduit l'air dans le siphon, et arrête son effet.

Les eaux affluentes, en élevant de nouveau la surface du canal, s'échappent par les siphons, qui dans ce cas, donnent faiblement à la manière des déversoirs jusqu'à ce qu'ils aient atteint la partie supérieure de leur courbure. Ils vident pour lors les eaux en grand volume, comme nous l'avons remarqué ci-dessus; ils les vident sans qu'il faille employer aucune manœuvre, et leur effet s'arrête et recommence sans qu'on ait besoin d'y toucher : l'on sent combien un pareil mécanisme réunit d'avantages, et à quel point il perfectionne les déversoirs et les épanchoirs connus jusqu'à ce jour.

Lorsqu'on veut mettre la grande retenue à sec, ou dans le moment d'une forte inondation, quand les siphons ne suffisent point pour rétablir le niveau du canal, on ajoute à leur produit celui d'un épanchoir à fond placé dans le milieu de l'ouvrage.

Nous avons vu que l'effet des ventouses était de suspendre le jeu des siphons; mais cet effet suppose qu'il y a eu déjà une certaine quantité d'eau consommée. Il est des cas où il devient nécessaire d'empêcher les siphons de jouer en aucune manière; tel est par exemple celui où lors du rétablissement de la navigation, l'on veut remplir la grande retenue. Les eaux étant données avec une certaine abondance, refluent dans cette partie avant que la retenue puisse être pleine du côté de Fonseranne, la distance étant de $3^{myr},0$ (7 lieues); il s'en suivrait donc une perte d'eau considérable. On évite qu'elle ait lieu par le moyen de vannes placées sur le devant des ouvertures des siphons qu'un seul homme hausse et baisse à volonté, toutes les fois que le cas l'exige.

Prise de Cesse. — La grande retenue est alimentée par la rivière de Cesse qui passe à un mille du Somail, et à trois milles de Capestang. Dans l'origine, la rivière de Cesse était arrêtée par une digue de $218^{m},176$ (112 toises) de longueur en ligne courbe.

La rigole de Mirepeisset a environ 3312^{m}, (1700 toises) de longueur; elle conduit les eaux de la rivière de Cesse, depuis la chaussée de la Roupille qui est le point de dérivation, jusqu'à la grande retenue. L'excédent des eaux retombe dans le lit naturel de la rivière, et va se jeter dans l'Aude, après avoir traversé le canal sous un pont-aqueduc qui est un des plus considérables du canal du Midi. Cet aqueduc est composé de trois grandes arches, dont les deux extrêmes sont à plein cintre, et celle du milieu en anse de panier à trois centres, chaque arc étant d'environ 60 degrés. La rigole de Mirepeisset est soutenue dans une grande partie de sa longueur, par des murs ou *caladas* très-inclinés et arrêtés par de bons chausserons de pilots garnis de tirans, chapeaux et palplanches. Les plantations qu'on a faites en saussaies et tamaris, entre les chausserons et la rivière, retiennent le limon et les graviers que les crues y vont déposer; elles forment une espèce de défense qui préserve les fondations d'être affouillées par les eaux, et contribuent à leur solidité.

Cette rigole ayant été conduite sur le revers d'un terrain très-escarpé, les eaux pluviales y entraînent une quantité considérable de terres qui l'encombrent dans plusieurs parties; en sorte que, quoiqu'elle ait une pente assez forte, et par conséquent un courant rapide, on est obligé tous les ans de la récurer, et de couper les herbes qui y croissent. On eût pu prévenir ces inconvéniens en la traçant dans une position qui la mît à l'abri de recevoir aucun éboulement, ni d'autres eaux que celles de la rivière.

On construisit d'abord en maçonnerie, la chaussée pour arrêter le cours de la rivière de Cesse, et en détourner les eaux dans la rigole de Mirepeisset ; mais elle ne fut pas de longue durée, parce qu'elle fut établie sans les précautions qu'exige un ouvrage de cette nature. L'on s'apperçut après plusieurs crues, que les fondations étaient dégarnies, et que la chaussée commençoit à céder à l'effort des eaux : enfin elles se firent jour et renversèrent la plus grande partie de ce barrage. Une seconde chaussée construite sur les mêmes principes eut aussi peu d'effet que la première. Pressé par le besoin de rétablir de suite un ouvrage indispensable à la navigation, on convint du projet suivant. Il fut décidé que l'on ferait à la Roupille une chaussée en encaissement, formée de plusieurs rangs de pilots garnis de chapeaux et palplanches ; que l'on formerait à la chûte des eaux un glacis arrêté à une bonne distance, par une rangée de forts pilots où l'on établirait un chausseron, le tout lié et soutenu de droite et de gauche par de fortes attaches dont les extrémités seraient plus élevées que la chaussée : enfin que le glacis serait garni de pilots entrelacés de clayonnages, et les vides des encaissemens remplis de gros moëllons, libages, cailloux et graviers.

Ce projet très-simple fut exécuté promptement, et à peu de frais. L'ouvrage se soutient depuis long-tems en remplissant l'objet qu'on s'était proposé, et il n'exige pas plus de 600 francs de réparations par année.

Canal de Narbonne. — Suivant le projet de 1664, la communication des deux mers devait se faire par le grau de la Nouvelle. Dans cette direction, le canal du Midi débouchait à la rivière d'Aude, vis-à-vis la Robine. On profitait de cet ancien canal des Romains pour arriver à l'étang de Sijean, et l'on se rendait de cet étang à la mer par le grau de la Nouvelle.

Pendant qu'on était occupé de la vérification du projet de 1664, la commission proposa, le 3 décembre, de donner de l'extension au projet, en faisant communiquer les étangs de Vendres et de Thau par les rivières d'Orb et d'Hérault. Le 9 du même mois, les experts assurèrent qu'on pouvait facilement faire un canal de l'une à l'autre de ces deux rivières, *le terrain et les hauteurs étant fort à propos* (1). La nature *torrentueuse* de la rivière d'Aude qui avait empêché de se servir de sa navigation pour une partie du projet, porta de même à s'en

(1) Notes et pièces justificatives, note première.

éloigner, et à prendre la direction qu'on a suivie. C'est ici le cas de parler de cette rivière qui a des rapports si immédiats avec le canal du Midi.

L'Aude vient des Pyrénées dans le Capsir, un peu au dessus de Puyvalador; elle coule du sud au nord, puis de l'ouest à l'est, et se jette dans l'étang de Vendres au dessous de Narbonne. L'Aude entraîne beaucoup de sable et de graviers ; elle reçoit la fonte des neiges des Pyrénées, et beaucoup de matières étrangères qui sont amenées dans son lit par les rivières qui s'y rendent. Ses principaux affluens sont le Fresquel qui prend sa source dans les montagnes de Saint Félix, entre le point de partage et la Montagne-Noire ; cette rivière charrie beaucoup de *troubles*. Orviel, Argendouble et Ognon amenent dans l'Aude de la vase et des terres rougeâtres. Cesse vient d'un pays sec ; elle porte beaucoup de sables, et très-peu de vase : il en est de même de l'Orbieu. Les affluens de l'Aude, sur-tout ceux qui descendent de la Montagne-Noire sont presque tous des torrens. De là vient que cette rivière change souvent de lit, et qu'elle est sujette à des crues subites et si considérables, qu'à 195 metres (100 toises environ) de ses bords, les eaux ont près de 3 mètres (9 pieds 3 pouces environ) de hauteur dans les grandes inondations, et elles s'élèvent en totalité à 5 mètres (15 pieds 5 pouc. environ).

Au mois de décembre 1772, l'Aude monta jusqu'au niveau du canal, et l'endommagea dans plusieurs points. Les débordemens de cette rivière ont élevé de beaucoup le sol du territoire de Narbonne Les eaux de l'Aude sont très-basses pendant l'été, et elles ne peuvent porter, dans certains tems, des bateaux chargés de plus de 2934$^{myr. gr.}$,900 (600 quintaux). Une pareille rivière était très-dangereuse pour une navigation publique et active, et on a évité de s'en servir dans la construction du canal du Midi.

En 1688, l'ingénieur Riquet fit le projet de joindre le grand canal a la Robine, par un canal qui devait aboutir au dessus de la chaussée de Sallèles. Il laissait à sa gauche la rivière de Cesse, sans doute, afin que les portes de défense de ce nouveau canal ne fussent point obstruées par les *troubles* que cette rivière charrie.

Dans ces derniers tems, on a creusé un canal sur un demi-myriamètre (une lieue) d'étendue, depuis le grand canal jusqu'à la rivière d'Aude, au dessus de la même chaussée de Sallèles ; en sorte que la communication des deux mers est encore établie par la Robine et le grau de la Nouvelle.

Le canal de Narbonne a sa prise d'eau dans la grande retenue à 4207 mètres (2160 toises) du Somail, près d'Argeliers. Il laisse la rivière de Cesse à sa droite. Les eaux de ce canal sont d'abord soutenues par cinq écluses simples, par une écluse double à Sallèles, et près de la rivière, par l'écluse simple du Gaillousti. A 194 mètres (100 toises) de l'embouchure du canal dans l'Aude, il part de la rive gauche de ce canal une rigole qui va se rendre dans l'étang de Capestang. L'entrée de la rigole est fermée par quinze vannes appartenant aux pertuis de quinze épanchoirs, placés de trois en trois à cinq niveaux différens. La hauteur des pertuis est de $1^{m},948$ (6 pieds), et leur largeur de $0^{m},974$ (3 pieds). L'embouchure du canal est tournée vers le courant de la rivière d'Aude pour recevoir les eaux troubles qu'elle porte dans les moindres crues, et les verser en grand volume et avec une très-grande vîtesse dans l'étang de Capestang dont on a entrepris l'atterrissement ; cette condition est indispensable pour que les *troubles* ne puissent pas se déposer en route. Mais le second usage auquel on a destiné le canal de Narbonne contrarie nécessairement sa navigation, et affame le grand canal. En effet, à chaque crue cette embouchure est obstruée; l'on emploie ordinairement 15 jours et quelquefois 18 à enlever les sables et la vase, au moyen de chasses d'eau fournies par l'écluse du Gaillousti. Cette manœuvre occasionnerait une baisse sensible dans le niveau de la grande retenue, si l'on n'avait soin de forcer les relèvemens de la chaussée de la Roupille sur la rivière de Cesse, afin d'en prendre toutes les eaux pour les ramener dans le canal. Il faut d'ailleurs observer que les grapins travaillent continuellement pour entretenir dans la courbe du Gaillousti, la profondeur d'eau à $1^{m}, 298$ (4 pieds); d'où l'on voit que les barques, même dans les meilleurs momens de passage, ne peuvent prendre que les deux tiers tout au plus, du chargement qu'elles recevraient dans le grand canal.

On peut encore reprocher au canal de Narbonne la disposition régulière qu'on a donnée à ses écluses, en les plaçant à $584^{m}, 4$ (300 toises) l'une de l'autre, parce que la pente de la vallée vers la rivière n'étant point uniforme, on a dû adapter le terrain aux écluses, ce qui est contre tout principe. Cette disposition a amené la nécessité de faire des déblais immenses dans la partie haute, pour être transportés en remblais dans la partie basse. Il en est résulté, outre une plus grande dépense, moins de solidité dans l'ouvrage, de fortes transpirations, une perte d'eau considérable, et des dommages pour les propriétaires dont les terres qui avoisinent le canal se trouvent inondées. Il a fallu depuis, pratiquer le long des terriers, des rigoles d'écoulement pour dessécher les champs riverains, et conduire les eaux des transpirations dans la rivière d'Aude.

Il paraît cependant que l'emplacement régulier des écluses a eu pour objet d'obtenir des chûtes égales, ce qui est un avantage pour l'économie des eaux, comme l'a très-bien prouvé Gauthey, inspecteur général des ponts et chaussées, dans son excellent Mémoire manuscrit sur les écluses. L'on remarque assez généralement qu'on n'a point eu égard dans les écluses du canal du Midi à cette égalité de chûte; mais l'on pouvait se permettre la prodigalité qui en résultait pour la dépense des eaux, sur-tout à une époque ou il n'était guère possible de prévoir, que lorsqu'on se débarrasserait dans la suite des eaux nuisibles par leur surabondance, l'on s'exposerait à n'en conserver qu'une quantité à peine suffisante pour les tems de pénurie.

C'est par la même raison que l'on a blâmé la forme elliptique qui a été donnée aux sas des écluses du canal du Midi. Il est aisé de voir que cette forme est plus chère, doit dépenser plus d'eau que les sas rectilignes, et il paraît démontré qu'elle ne procure point l'avantage qui semble en résulter au premier coup d'œil pour la solidité de la construction.

La nouvelle route qu'on a ouverte au canal du Midi était la première que l'on avait tracée; elle existe ainsi dans le projet de 1664. A cette époque les habitans de Narbonne avaient contribué d'environ 400000 f. à la construction du canal du Midi, et ils s'étaient vus privés, pendant près d'un siècle, des avantages que le sacrifice d'une pareille somme devait leur faire desirer. Ils avaient obtenu, en 1751, un arrêt de conseil pour qu'on fît la jonction du canal du Midi avec la rivière d'Aude. Les propriétaires du canal firent de vives oppositions, et furent secondés par différentes communautés et plusieurs villes de commerce, chacun suivant qu'il était sollicité ou qu'il avait plus ou moins d'interêt à la chose. Les raisons des propriétaires quant au danger de l'exécution, paraissaient très-plausibles. Ils prétendaient que le terrain où l'on se proposait de creuser le nouveau canal étant graveleux, devait être sujet aux filtrations. On s'en assura en faisant creuser, de distance en distance, huit creux de $1^m,948$ (1 toise) de profondeur, et $1^m,785$ (5 pieds 6 pouces) en carré. On mit dans chacun de ces creux un muid et demi d'eau tout à la fois, et elle filtra entièrement

N'oublions pas que le terrain des vallées est le produit des alluvions des rivières ; et si l'on imagine une coupe perpendiculaire à la direction d'une vallée, la qualité du terrain que présente le profil, est toujours analogue à la nature des troubles qui passent par la section de la rivière pendant les crues : en sorte que le terrain est plus ou moins perméable à l'eau, suivant que les *troubles* sont composés de matières grosses ou de matières légères. Mais un terrain qui n'est pas tout à fait consistant, peut devenir moins perméable lorsqu'il est pénétré par des eaux bourbeuses qui, en filtrant, déposent leur limon dans les interstices; c'est ce qui est arrivé au canal de Narbonne, et même au grand canal, qui éprouve beaucoup moins de filtrations dans le côté faible qu'il n'en avait autrefois. Ainsi l'on peut dire qu'il est avantageux, jusqu'à un certain point, de recevoir des eaux troubles dans un canal nouvellement construit, jusqu'à ce que les terres rapportées qui forment le côté faible soient tassées, et que les dépôts abandonnés par les eaux de filtrations aient achevé de leur donner une entière consistance.

Mais si le terrain est formé de matières grosses, il ne peut y avoir aucune ressource. Quelques tentatives qu'on ait faites pour remplir d'eau les fossés de Palma-Nova, dans le Frioul-Vénitien, on n'a jamais pu y parvenir; les fossés se sont vidés à mesure, et l'on a vu l'eau sourdre au loin de tous côtés dans la campagne. La plaine sur laquelle est assise Palma-Nova est en effet composée de matières grosses que les torrens du Frioul, dont le cours est rapide et borne, ont déposées au sortir des montagnes, en se répandant en surface sur cette plaine unie; et la Tore affluent de l'Isonzo qui fournit aux fossés de Palma-Nova, n'entraîne que des sables et des graviers, et ne charrie point de limon.

La seconde objection contre le projet dont nous parlons était plus admissible. Le canal du Midi n'ayant que la quantité d'eau suffisante pour la navigation, comment remplacer l'eau qui devait être employée par le canal de Narbonne? Les intéressés à ce canal proposaient de rendre au grand canal la quantité d'eau qu'ils en tireraient, au moyen de deux prises; l'une de la rivière d'Aude, et l'autre du ruisseau d'Argendouble. Mais recevoir dans le canal une rivière qui avait été proscrite dès l'origine pour des raisons solides, paraissait un projet chimérique ou tout au moins hasardeux. La seconde prise d'eau n'était pas plus heureusement trouvée que la première. Le ruisseau d'Argendouble à sec les deux tiers de l'année, devient dans la saison des pluies, un torrent impétueux qui roule des sables, des pierres, des graviers, ce qui a obligé de le détourner du canal en le faisant passer sous un pont-aqueduc. Le dernier projet auquel on s'arrêta, fut de former dans la Montagne-Noire, aux sources de la rivière de Lampy, un réservoir pareil à celui de Saint-Ferriol; les circonstances du terrain étaient les mêmes pour pouvoir pratiquer une digue de barrage. Le réservoir de Lampy contient environ 3698300 mètres cubes (500000 toises cubes); mais cette quantité n'est pas, à beaucoup près suffisante, pour dédommager le grand canal de la consommation que lui occasionne le canal de Narbonne; l'on en est presque réduit aujourd'hui à rechercher quels seraient les moyens d'augmenter le volume des eaux du canal du Midi nous traiterons cette question dans le chapitre suivant.

Les deux autres points sur lesquels les propriétaires établirent leurs moyens de défense, consistaient dans les désavantages qui devaient résulter d'un nouveau canal pour les villes de Beziers, Agde et Cette, et pour le grand canal lui-même. En effet la conservation d'un ouvrage de cette nature demande des réparations considérables, et des ressources immenses pour les effectuer. Si l'on détourne une partie de son commerce, on diminue les fonds de son entretien, et alors on ne peut ni réparer, ni entretenir, ni améliorer. Le commerce languit de l'inactivité de la navigation, et l'ouvrage est condamné au dépérissement. L'aisance étant aussi nécessaire, il n'est point permis de toucher aux moyens qui la peuvent procurer.

Avant la construction du canal de Narbonne, on appelait *port du Gaillousti* une partie de la rive gauche de la rivière d'Aude, en amont de la chaussée de retenue de Moussoulens, où les barques de Narbonne, après avoir remonté la Robine, et traversé la rivière, allaient déposer les sels fabriqués sur les bords de la Méditerranée, à Séjean et à Peyriac, pour être de là transportés par voitures au Somail : le nom de *Gaillousti* a été donné aux épanchoirs et à l'écluse qui leur est accolée.

Il y a 1169^{m},040 (600 toises) de distance de l'écluse double de Sallèles aux épanchoirs, et 194$^{m.}$ (100 toises) depuis les épanchoirs jusqu'à la rivière d'Aude. Cette distance est occupée par une retenue sur une direction courbe, appelée *retenue d'Aude*, ou *courbe du Gaillousti*. Il est aisé de juger que la courbe du Gaillousti n'a été nullement faite dans l'intention de procurer une communication aisée du canal de la Robine à l'embranchement du canal de Narbonne, puisque par cette disposition, elle est sujette aux envasemens. Il faudrait, pour remédier à cet inconvénient majeur, que la courbure fût tournée en sens contraire; mais alors, on devrait renoncer à l'atterrissement de l'étang de Capestang, et opérer son dessèchement; ce qui, je crois, a été reconnu impossible.

Le seul moyen de ne pas contrarier l'atterrissement de l'étang de Capestang, et en même tems de communiquer avec facilité du canal de Narbonne à la Robine, seroit de franchir la rivière d'Aude par un aqueduc. Mais ce projet ne paraît point praticable, parce que, pour porter cet aqueduc à une hauteur suffisante, il faudrait soutenir toute la retenue du Caillousti qui a 1169^{m},040 (600 toises) de longueur, dans un remblai qui dominerait le niveau de la plaine de 5^{m},845 à 6^{m},494 (18 à 20 pieds). On sent les inconvéniens qui en résulteraient, tant pour les fortes transpirations qui s'établiraient infailliblement dans une masse aussi considérable de terres nouvellement remuées, qu'à cause des atteintes de la rivière d'Aude pendant les inondations. En effet le couronnement de l'éperon de l'écluse double de Sallèles n'est que de 7^{m},144 (22 pieds) au dessus du niveau ordinaire de l'Aude, et l'on a vu les crues de cette rivière s'élever à 5^{m},258 (16 pieds 6 pouces) au dessus de ce niveau, c'est-à-dire, à 2^{m},597 (8 pieds) au dessus du couronnement de l'éperon supérieur de l'écluse de Sallèles.

Le trajet de la rivière d'Aude, pour passer du canal de Narbonne à celui de la Robine est d'environ 194$^{m.}$ (100 toises).

Canal de la Robine. — On a l'intention de donner 1^{m}, 948 (6 pieds) de profondeur d'eau à la Robine; mais dans l'état actuel, ce canal n'a en quelques endroits que 1^{m}, 298 (4 pieds).

Les vues relatives au perfectionnement de la Robine consistent dans le redressement de certaines parties de son cours ; dans la construction d'une écluse projetée au delà de Narbonne; dans les travaux déjà exécutés à moitié dans l'île de Sainte-Lucie; enfin dans un manœuvrage qu'on a établi, et qui se trouve aussi utile à la ville et à la plaine de Narbonne, qu'à la Robine elle-même.

La rivière d'Aude couvrait autrefois dans ses débordemens la plaine de Narbonne. Ces inondations causaient de grands ravages à la Robine, dont elles comblaient le lit et détruisaient les francs-bords. Pour s'en débarrasser on a construit sur les bajoyers de l'écluse de Moussoulens, où se trouve la prise d'eau de la Robine, un pont en maçonnerie placé immédiatement après les portes de défense de cette écluse, et l'on a donné à ces portes environ $8^m,442$ (26 pieds) de hauteur, en sorte qu'elles s'élèvent au dessus de la clef de la voûte du pont. On a barré en même tems le petit vallon situé à la droite de l'écluse par une digue dont le couronnement est au niveau de celui du pont.

Ces ouvrages délivraient la Robine et la ville de Narbonne des inondations ordinaires de l'Aude. Mais dans les crues extraordinaires, l'eau s'élevant au dessus des portes de l'écluse, se précipitait par l'ouverture triangulaire comprise entre ces portes et la tête du pont, et se répandait dans la campagne. On a eu l'idée ingénieuse de fermer cette ouverture au moyen d'un tablier triangulaire en bois. Ce tablier est fixé à la tête du pont par un de ses côtés autour duquel il peut tourner pour s'élever et s'abaisser. Dans l'état ordinaire de l'Aude on le tient relevé, et lorsqu'on prévoit une inondation, on l'abaisse de manière que les deux autres côtés s'appliquent parfaitement sur le sommet des portes, et que l'ouverture se trouve entièrement fermée.

On a déjà eu plusieurs occasions d'éprouver l'utilité de ce tablier. Il y a environ deux ans que les eaux de la rivière le surpassèrent de quelques pieds, et s'élevèrent jusqu'à un pied au dessus du couronnement de la chaussée. Les eaux furent parfaitement contenues, et il n'y eut que quelques filtrations inévitables. Cependant le débordement avait été si terrible qu'il entr'ouvrit une digue située près du village de Cuxac.

Grau de la Nouvelle. — La profondeur de l'étang de Séjean, depuis l'embouchure du canal de la Robine jusqu'au signal du Pilon, est de 1 m, 298 à 1 m, 948 (4 à 6 pieds) Du signal du Pilon où commence le canal des Romains creusé dans l'étang jusqu'au chenal de la Nouvelle, sur une longueur de de 2142 m, (1100 toises), le fond varie de 2 m, 273 à 4 m, 871 (7 à 15 pieds). On ouvre maintenant un canal dans la plage, et autour de l'île de Sainte-Lucie, sur une longueur d'environ 5845m. (3000 toises), pour affranchir la navigation de la traversée de l'étang de Séjean, qui est souvent contrariée, et rendue quelquefois impraticable par les vents de terre et de mer.

L'état du grau de la Nouvelle dépend des effets des vents du large, et du courant qu'ils occasionnent. On savait d'après de longues et fréquentes observations, que la profondeur du grau variait de 2 m, 597 à 3 m, 247 (8 à 10 pieds), et quelquefois jusqu'à 3 m, 896

(12 pieds). Les mouvemens de la mer, en frimaire dernier et mois subséquens, ont porté la profondeur à 5^{m}, 193 (16 pieds). Ce nouveau fond est dû aux ouvrages du canal de Sainte-Lucie, dont les levées traversent l'intervalle de 2532$^{m.}$(1300 toises), qui existe entre les hauteurs de l'île et le chenal, espace dans lequel les eaux se balançaient de la mer à l'étang, et de l'étang à la mer. Ce balancement n'aura lieu à l'avenir que par le chenal dont la longueur moyenne est d'environ 58^{m}, 440 (30 toises). Il entretiendra suivant toute apparence le fond actuel, en rejetant au loin dans la mer les sables qui formaient la barre du grau, dans des endroits plus ou moins rapprochés de l'entrée, selon la violence des courans qui les avaient amenés.

Lorsque le grau de la Nouvelle n'avait que 2^{m},272 à 2^{m}, 597 (7 à 8 pieds) d'eau, les tartanes du chargement de 9783$^{myr.gr.}$ (2000 quintaux) ne pouvaient s'y présenter sans alléger. Le goulet de ce grau est si étroit que les barques courent des dangers si les vents de sud ou de sud-est, qui sont les seuls à la faveur desquels on y peut entrer, sont trop violens. Les renversemens des barques du canal dans les bâtimens de mer étaient fréquemment interrompus faute d'eau, et les bâtimens se voyaient forcés de sortir du grau, et de se mettre à la rade pour achever leur chargement. Alors il fallait que les allèges portassent aux bâtimens les grains ou autres marchandises des barques du canal, ce qui était impossible pour peu que la mer fût agitée. Souvent même un coup de vent obligeait les bâtimens de lever l'ancre, de se retirer dans le port de Cette, et d'y attendre le beau tems pour venir prendre le reste de leurs chargemens : il y a 4 ou 5 myriamètres (8 à 10 lieues) de mer de la Nouvelle à Agde ou à Cette.

De la Nouvelle en se dirigeant vers l'étang de Leucate, on voit les traces d'un canal, appelé *canal des Étangs*, dont l'exécution avait été commencée, et qui est depuis resté dans l'oubli. L'idée de ce projet était bien conçue, puisqu'elle tendait à amener des marchandises de Bordeaux jusqu'à l'anse de la Franquie, comme elles arrivent par le canal du Midi jusqu'à Cette ; l'anse de la Franquie étant le seul point de la côte depuis le port Vendres jusqu'a Cette, où l'on puisse raisonnablement espérer d'établir un nouveau port sur la Méditerranée.

En faisant prendre au canal du Midi la route de Narbonne, on avait, comme nous venons de le voir, deux ports pour arriver à la Méditerranée, le grau de Vendres et celui de la Nouvelle. Malgré la nature désavantageuse de ces deux ports à laquelle on a déjà remédié avec quelque succès, du moins pour l'un d'eux, les débouchés du grau de Vendres et de celui de la Nouvelle, multiplient en tems de paix, nos relations commerciales avec l'Espagne, et dans le cas d'une guerre en Italie ou en Catalogne, procureraient la facilité, la sûreté et la promptitude dans le transport des munitions de guerre et de bouche.

Ecluse de Fonseranne. — La grande retenue est la partie du canal du Midi qui a le plus fourni matière à discussions. On lui a reproché de se soutenir au même niveau sur un développement de $4^{my.}$,5 (9 lieues); par conséquent d'avoir nécessité l'écluse octuple de Fonseranne qni occasionne une dépense d'eau plus considérable que si l'on eût divisé cette chûte totale en un moindre nombre de corps d'écluses, en donnant à une partie de la retenue une autre direction.

Nous commencerons par examiner ce principe, qu'une écluse multiple est plus chère de construction, mais dépense moins d'eau qu'une écluse simple.

La chûte moyenne des écluses du canal du Midi est d'environ $2^{m},273$ (7 pieds). Je suppose qu'on ait à descendre de quatre fois cette hauteur, ou de $9^{m},925$ (28 pieds); si l'on descend par une seule écluse, il faudra consommer un volume d'eau de $9^{m},925$ (28 pieds) de hauteur, tandis que, si on le fait par quatre chûtes ou quatre sas, l'eau qui sera versée dans le sas supérieur', ou le quart du volume total, portera successivement la barque dans le second, le troisième, le quatrième sas, et la conduirait jusqu'au débouché du canal, en passant d'une retenue à l'autre. Ainsi, pour faire descendre une barque du point le plus élevé d'un canal de navigation jusqu'à son débouché, il n'en coûte qu'une éclusée d'eau au point de partage.

Mais il n'en est pas de même pour faire remonter une barque ; il faut nécessairement, dans le cas cité ci-dessus d'une écluse quadruple, quatre éclusées d'eau. Il est vrai que si plusieurs barques se succèdent dans le même tems, ces quatre éclusées d'eau feront monter quatre barques; chaque barque aura donc consommé une éclusée d'eau, et comme la même chose aurait lieu pour un nombre égal de sas accolés, ou formant autant d'écluses partielles, on voit qu'il n'en coûte au point de partage, dans le cas de la montée ou de la descente, qu'une éclusée d'eau pour une barque.

Le premier principe est rigoureusement vrai; mais le second suppose, comme nous venons de le dire, qu'il se trouve autant de barques à faire monter dans le même moment, qu'il peut y avoir d'écluses simples, ou de sas dans une écluse multiple. Il est aisé de juger que la dépense en construction d'une écluse multiple sera plus grande que celle qu'entraînerait une écluse simple; ainsi nous nous bornerons à l'indiquer.

Rien n'est contraire dans l'établissement de l'écluse de Fonseranne, au principe que nous venons d'énoncer, puisque la différence de niveau d'un sas à l'autre n'est pas trop considérable. La question se réduit donc à comparer les différentes directions qu'on aurait pu faire prendre au canal du Midi avant d'arriver à l'écluse octuple de Fonseranne; et de voir si en suivant une autre route, il n'aurait pas été possible de se dispenser de descendre à la rivière d'Orb par une écluse multiple d'un moindre nombre de bassins, ou bien par un moindre nombre d'écluses, en supposant que la chûte totale eût été divisée en plusieurs corps d'écluses. Cette dernière disposition eût été la plus avantageuse, parce que les écluses simples exigeant moins de tems pour leur manœuvre, favorisent la navigation d'un canal et augmentent son activité.

Percée du Malpas. — Lorsqu'on eut renoncé au projet de 1664, on continua de soutenir le canal au même niveau, pour qu'il fût élevé au dessus des inondations de la rivière d'Aude, et l'on parvint à la montagne d'Encerune, voisine du Malpas, qui paraît n'être autre chose qu'un nœud ou relèvement pareil à ceux que l'on observe dans tous les systêmes de montagnes, à la tête de deux ou plusieurs contreforts qui se réunissent au même point. Deux de ces contreforts sont bien distincts ; l'un se détache au nord, et laisse entre lui et la direction de l'arête principale qui se prolonge jusqu'à la vue de Beziers, cette vaste plaine que recouvrait autrefois l'étang de Montady ; l'autre se prolonge au sud vers la mer, et sépare la rivière d'Aude de la rivière d'Orb. On voit effectivement que vis-à-vis de la montagne d'Encerune, la rivière d'Aude se détourne presque à angle droit, pour aller se jeter dans l'étang de Vendres.

On pouvait facilement se diriger de cette manière en faisant passer le canal a Nissan, et alors il eût traversé la rivière d'Orb au midi de Beziers. Il n'est pas douteux qu'en suivant cette route, on n'eût évité la percée de Malpas et l'écluse multiple de Fonseranne, parce que bien avant la montagne d'Encerune, le contrefort qui sépare la rivière d'Aude de la rivière d'Orb, forme une masse continue qui va toujours en s'abaissant vers l'étang de Vendres. Peut-être eût-il été avantageux de tracer le canal dans cette direction, en modifiant le projet de la première entreprise qui semblait s'en rapprocher : mais Riquet était né à Beziers ; il voulut faire jouir cette ville des avantages d'une si belle communication, et le canal fut conduit directement à la riviere d'Orb. Nous verrons que cette partie du canal du Midi est une de celles dont l'exécution était la plus difficile, et qui présente le plus d'inconvéniens pour sa navigation.

Il ne restait après cela que deux directions, celle de l'arête principale qui se rendait à la rivière d'Orb, vis-à-vis Beziers, point où Riquet voulait arriver ; ou celle des hauts côteaux qui tournent au nord la plaine de Montady, et qui sont liés sans interruption avec la montagne d'Encerune, comme nous l'avons observé (chap. 1, § 3). On profita de l'écartement de ces deux directions pour quitter le revers des montagnes du côté de la rivière d'Aude, et établir le canal sur la pente opposée ; il fallut pour cela percer la montagne d'Encerune, au Malpas, dans son point le plus bas.

Il n'eût pas été cependant impossible de faire prendre au canal une autre direction qui est assez bien marquée par celle qu'on a donnée au chemin de l'étape, et elle semblait permettre une distribution de pente plus favorable à la division de la chûte totale de Fonseranne en plusieurs corps d'écluses ; nous allons faire voir que cette route eût été bien moins bonne que celle qu'on a suivie.

Le chemin de l'étape, après avoir traversé le canal un peu en aval de Capestang, sur le revers du prolongement de la montagne d'Encerune, monte ensuite sur le col de cette montagne, qu'on nomme le *seuil de Trésil*. Mais ce seuil est plus élevé que le Malpas au dessus du niveau de la grande retenue, et le travers de la montagne est beaucoup plus large ; ainsi l'on n'aurait pu rejeter le canal du côté de la plaine de

Montady, que par une percée ou des excavations plus considérables que la percée et les excavations de la hauteur du Malpas. Le canal eût été exposé, dans cette direction, aux eaux des ravines qui bordent la partie nord de l'étang de Montady ; elles doivent être considérables et en grand nombre, comme l'atteste l'ancienne existence de cet étang, et l'on n'aurait pu les franchir que par des aqueducs. D'ailleurs la disposition des hauts côteaux qu'il eût fallu suivre, ne pouvait différer assez de celle du terrain qui a été creusé au débouché du Malpas, pour que l'on dût espérer une distribution de pente plus avantageuse. En effet, la sommité du côteau de Fonseranne, et son prolongement à l'endroit d'où descend le chemin de l'étape à la vue de Beziers, ont à peu près la même élévation au dessus de l'Orb, et sont à la même distance de cette rivière.

Enfin, en établissant, comme on l'a fait, le canal sur le revers d'une contre-pente, on n'avait point à craindre des eaux en grand volume. Aussi ne trouve-t-on que quelques cales entre le Malpas et l'écluse de Fonseranne. Nous observerons à ce sujet qu'il y a toujours plus d'avantage à conduire un canal de navigation le long d'une contre-pente que sur le revers d'une pente générale, parce que, dans le premier cas, on remédie à l'inconvénient des eaux affluentes en établissant des cales, et que dans le second on ne peut le faire qu'en construisant des ponts-aqueducs : ces derniers ouvrages sont incomparablement plus chers que les premiers.

La route qu'on a fait suivre au canal dans cette partie, était donc préférable à celle de Montady, en ce qu'elle était moins chère, qu'elle donnait un chemin plus court pour arriver à Beziers, et que l'autre direction n'aurait point dispensé d'arriver à la rivière d'Orb par une écluse d'un moindre nombre de bassins que celle de Fonseranne.

La butte du Malpas est d'un tuf sablonneux, peu consistant par lui-même. Les filtrations et les érosions occasionnées par les alternatives de la sècheresse et de l'humidité, agissant sur les parties que la forme de la voûte avait obligé de trancher inégalement, menaçaient d'en faire tomber de grandes pièces. Cet inconvénient était majeur ; il tendait à rendre la navigation peu sûre, et à amener le comblement du canal. On prit le parti d'y remédier en construisant un cintre en charpente afin de soutenir la partie de la voûte qui menaçait le plus; mais ce cintre fait en bois de sapin, coûta 15000 fr. et ne dura pas dix ans. Les désordres dont nous venons de parler, furent principalement occasionnés par deux puits qu'on avait pratiqués dans le cerveau de la voûte, pour retirer les terres des excavations. Ces puits bouchés ensuite peu solidement, donnèrent lieu à des filtrations plus nombreuses et plus abondantes, dont l'action s'étendit tout autour sur la partie solide de la butte, et la mina insensiblement.

Il fut question un moment d'enlever le cerveau de la voûte, et de faire la percée à ciel-ouvert. La butte du Malpas pouvait fort bien être tranchée à découvert, elle l'a même été à l'entrée et à la sortie; mais on avait reconnu par l'expérience que la percée était un moyen d'économie et de sûreté, en évitant les comblemens qu'aurait produits à chaque gros orage, la dégradation des grandes surfaces latérales d'une coupure.

On prit enfin le parti de construire une voûte en maçonnerie sur toute l'étendue de ce passage souterrain. Il eût été possible de garnir les reins et l'extrados de ce berceau, de manière qu'il ne restât aucun vide entre

entre le ciel de l'excavation et le dessus de cette maçonnerie ; pour y parvenir, on aurait commencé l'ouvrage par une de ses extrêmités, et on l'aurait continué en cheminant successivement jusqu'à l'autre bout, ainsi que cela se pratique le plus ordinairement. Mais ce moyen ne pouvait être admis dans le cas dont il s'agit, parce qu'il aurait été très-difficile, en suivant cette marche, d'obtenir toute la régularité et toute la perfection qu'on voulait donner à cet ouvrage. Il suffisait d'ailleurs que ce vide fût rempli par intervalles. On préféra d'élever d'abord, de distance en distance, des arceaux auxquels on ménagea les arrachemens nécessaires pour y raccorder la maçonnerie qui devait remplir l'espace qui se trouvait entr'eux ; les espaces n'étaient que de $2^{m},922$ (9 pieds). L'isolement de ces arceaux permit de les aligner et de les dégauchir sur toute l'étendue de la voûte projetée, dont ils formaient les premiers élémens. Il restait environ $1^{m},948$ (6 pieds) de distance entre l'extrados de chacun de ces arceaux et le solide de la montagne; le vide fut rempli à leur à-plomb, et on y conserva seulement une ouverture pour pouvoir communiquer de l'un à l'autre.

Lorsque ce premier travail fut terminé, on acheva de construire la voûte dans les espaces intermédiaires. Les raccordemens ont été exécutés avec tant de soin, que le berceau paraît avoir été établi d'un seul jet sur toute sa longueur qui est de 155^{m},840 (80 toises), et qu'on n'y apperçoit aucun jarret, aucune saillie, ni même d'interruption entre les liaisons des diverses parties qui le composent.

L'aqueduc pour l'écoulement des eaux de l'etang Montady qui traverse la montagne de Malpas à 15^{m},587 (48 pieds) au dessous du lit du canal, avait pu faire naître l'idée de conduire les eaux sous une voûte; mais il eût fallu, dans tous les cas, ou diriger les travaux de cette manière, ou trancher la montagne par de grandes excavations; ce dernier parti eût été le moins avantageux.

L'aqueduc de Montady a 14^{m},545 (14 pieds) de haut, sur 2^{m},597 (8 pieds de large) On ignore l'époque précise de sa construction; la grandeur et la beauté de l'ouvrage a fait croire qu'il était du tems des Romains.

Il paraît qu'on avait pratiqué des puits ou soupiraux pour retirer les terres provenant de l'excavation de cet aqueduc, et les répandre au dessus de la montagne. En démolissant une des deux banquettes qu'on avait établies sous la voûte du Malpas pour un chemin de hâlage, on retrouva un de ces soupiraux. On crut devoir en profiter pour former un épanchoir par où l'on viderait, dans la rigole d'écoulement de l'étang de Montady, les eaux de la partie voûtée du Malpas lorsqu'il s'agirait d'y faire des curemens, ou d'autres réparations.

Mais c'est à tort qu'on a prétendu que, parmi les inconvéniens qui résultent de la grande retenue, il fallait compter la perte d'eau immense qui arrive toutes les fois que, pour des réparations quelconques, on est obligé de la mettre à sec.

Dans un ouvrage de ce genre qui n'a d'existence que par les eaux, on prend tous les moyens pour les économiser en pratiquant sur plusieurs points, pendant les travaux de l'été, des bâtardeaux à tampes; en sorte qu'il n'y a, pour ainsi dire, de vide que l'espace du canal qu'on veut curer, ou dans lequel on se propose de faire d'autres travaux.

Par exemple, lors de la brêche de Capestang, la grande retenue était pleine depuis Argens jusqu'à Capestang, et l'on soutenait les eaux dans cette partie par un grand bâtardeau en charpente qu'on avait établi à travers le canal.

Dans les retenues où il y a des piles en maconnerie, on se sert pour fermetures, de poutrelles avec un doublage en planches.

Quoique le soupirail par où s'échappent les eaux de l'épanchoir du Malpas soit revêtu en pierre de taille, et qu'il en soit de même du fond de l'aqueduc de Montady ou tombent les eaux du canal, les propriétaires de l'étang ont appréhendé avec raison que les *troubles* dont ces eaux sont chargées, ne se déposassent dans la rigole d'écoulement, et ne parvinssent à l'obstruer. Mais ces propriétaires devaient croire qu'ils n'auraient jamais été dispensés de faire des curemens; car il se forme toujours des dépôts considérables dans un canal d'écoulement, sur-tout lorsqu'il débouche dans une lagune, parce qu'il y trouve des eaux mortes.

Les herbes qui croissent en abondance dans le lit de la grande retenue, s'élèvent jusqu'à la surface des eaux, ralentissent le mouvement des barques, et nuisent par conséquent à la navigation. On a cherché les moyens de détruire ces plantes; mais aucun de ceux proposés n'ayant ete trouvé praticable, on a pris le parti de les couper; on se sert pour cela d'une machine qui ne remplit qu'imparfaitement son objet, et dont nous allons donner une légère idée.

On a fixé à l'extrêmité d'une barque pontée un poteau vertical qui porte dans sa partie inférieure plusieurs faux à deux tranchans, placées dans une situation horizontale. La partie supérieure de ce poteau est garnie d'une lanterne qui engrène dans les dents d'une roue horizontale. Deux leviers attachés, d'un côté aux extrêmités du diamètre de cette roue, et de l'autre, à deux manivelles, lui impriment un mouvement alternatif qui lui fait decrire un quart de révolution. La lanterne fait en même tems une révolution entière, et entraîne le poteau vertical auquel sont fixées les faux.

Tout ce systême peut en outre s'élever et s'abaisser au moyen de deux vis, ce qui permet aux faux de couper les herbes à différentes hauteurs.

§ IV.

De la rivière d'Orb à la rivière d'Hérault et à la Méditerranée.

Rivière d'Orb. — Le passage de la rivière d'Orb à Beziers a été regardé de tout tems, comme le point qui présentait le plus d'obstacles à la navigation du canal du Midi. La rivière d'Orb, dont la largeur est d'environ 60 mètres (30 toises), n'a pas assez d'eau pour porter les bateaux chargés; son lit peu profond est plat, et son fond est mobile. Il a fallu le tenir retréci, et élever les eaux par une chaussée dont on pût suspendre l'effet pendant les inondations qui, sans cela, auraient causé sur les terres voisines des dommages inestimables, et en amenant des des dépôts, auraient exhaussé le lit du torrent, et diminué la profondeur de l'eau déjà insuffisante. Il est résulté de ces différentes vues divers travaux dans le lit de la rivière d'Orb, dont nous rendrons compte tout à l'heure.

Malgré les soins qu'on a pris de donner à ces ouvrages la solidité et la consistance desirables, pour un service dont l'interruption de quelque durée serait un malheur public, les inondations qui s'élèvent dâvantage, de jour en jour, dans cette rivière comme dans toutes les autres, ont augmenté, notamment en 1779 et plusieurs fois depuis, par leur fréquence et leur hauteur, la crainte de voir la ruine de ces moyens insuffisans, et la suspension de la navigation pour un tems indéfini.

D'ailleurs, fût-on sans appréhension pour la stabilité des ouvrages, l'assujettissement du passage journalier dans cette rivière sera toujours infiniment à charge. Les crues répétées et imprévues arrêtent la navigation dans les momens les plus précieux. En novembre 1779, sept cents trente-trois mille sept cents vingt-cinq myriagrammes (150000 quintaux) de bled furent retenus pendant dix-sept jours par des inondations continuelles, et ce retardement pensa causer une famine en Provence et sur les bords du Rhône, où les habitans se reposaient sur la ressource urgente de ces transports.

Le seul moyen de se délivrer définitivement de ces alarmes, serait la construction d'un pont-aqueduc sur la rivière d'Orb. Le projet en a été fait il y a trente ans ; mais les dépenses considérables de cette entreprise ont toujours suspendu son exécution. On ferait disparaître, au moyen de cet aqueduc, le défaut inévitable dans cette direction de l'écluse de Fonseranne; il en résulterait le double avantage de l'économie de l'eau, et d'une plus grande célérité dans la navigation.

Dans le projet dont nous venons de parler, on devait accoler à l'aqueduc un pont pour les voitures, comme on l'a fait au pont du Gard, parce que le pont du grand chemin de Beziers, peu solide et très-étroit, demande à être reconstruit. La réunion de ces deux ponts formerait un ouvrage public du plus grand genre, digne d'être ajouté au canal du Midi, de montrer le caractère du génie du nouveau gouvernement, et d'assurer la communication intérieure des deux mers par eau, ainsi que celle de l'Espagne avec l'Italie par terre.

La partie de la rivière d'Orb, sur une étendue de 896^{m}, 264 (446 toises), depuis l'écluse de Fonseranne jusqu'à l'entrée du canal dérivé de cette rivière au pont Rouge, qui fait sa jonction avec celle d'Hérault sert de continuation au canal du Midi. Lors de la construction du canal, la rivière d'Orb barrée en son entier par la digue des moulins, donnait une profondeur suffisante pour la navigation des barques, qui à cette époque, ne portaient que 3913$^{mg.}$, 2 (800 quintaux). Comme cette profondeur avait diminué par l'exhaussement du fond de la riviere, on construisit une nouvelle chaussée avec un épanchoir à chaque extrémité. Ces deux ouvertures ne suffisant point au passage des alluvions pendant les crues, on perça en 1694, la chaussée de six épanchoirs à fond, et afin de faciliter le passage des barques, on resserra le lit de la rivière.

A cette époque, ainsi qu'on le voit sur une carte publiée par Defer en 1707, le passage des barques se faisait sur la rive droite. En 1706, cette partie ayant été comblée par une grande crue, on rejeta la navigation sur la rive gauche, et elle se trouve encore de ce même côté.

Épanchoirs mobiles. — Nous allons donner une description des ouvrages qui existent actuellement dans le lit de la rivière d'Orb, ainsi *que de la chaussée à épanchoirs et à relèvemens mobiles* de la même rivière.

La digue qui traverse la rivière d'Orb n'est point continue; elle est percée, comme nous l'avons dit, du côté de la prise d'eau de six épanchoirs à fonds qui ont chacun 2^{m}, 923 (9 pieds) de largeur. La profondeur de ces épanchoirs a mis dans le cas d'employer un mécanisme particulier pour les manœuvres. Au lieu de vannes, on se sert pour fermer chaque ouverture, de poutrelles posées horisontalement les unes au dessus des autres. Des feuillures verticales dont l'angle en amont est arrondi, sont pratiquées aux côtés des piles des épanchoirs. Ces feuillures ne se correspondent point; elles sont situées l'une à l'avant, et l'autre à l'arrière des poutrelles. La feuillure de gauche reçoit un des bouts des poutrelles, et l'autre feuillure un poteau montant mobile sur son axe dans une crapaudine en bronze, et contenu par un collier de fer dans sa partie supérieure. La coupe du poteau est un quart de cercle à faces inégales, dont la partie arrondie saillit un peu en dehors du parement latéral de la pile. Lorsque les poutrelles sont placées, un de leurs bouts porte sur l'extrêmité saillante de la partie arrondie, et ce bout est contenu sur le devant par une pièce de bois carrée appliquée contre le parement de la pile, et qui forme rainure avec la partie arrondie et saillante du poteau. L'intervalle entre le poteau et la partie d'équerre de la feuillure, est rempli par un coin-étançon, ou arc-boutant en bois qu'on y chasse avec force. Une chaîne en fer le fixe à la maçonnerie de la pile, afin qu'il serve pour une autre manœuvre.

Outre les dispositions dont nous venons de parler, on établit sur tout le reste de la digue des relèvemens mobiles, espèces de mantelets d'environ 1 mètre (3 pieds) de haut, et de 1 m, 948 à 3 m, 247 (6 à 10 pieds) de longueur, fixes sur le couronnement de la digue par des charnières, et contenus dans la partie opposée aux eaux qu'ils soutiennent par des arcs-boutans aussi à charnières.

Dans cet état, la hauteur de l'eau dans le lit de la rivière est de 1 m, 948 (6 pieds), profondeur nécessaire pour le passage des barques.

Comme il serait long et pénible de retirer les poutrelles une à une, la disposition ci-dessus permet de les dégager dans un instant. On abat pour cela d'un coup de marteau l'arc-boutant; alors les poutrelles pressées par la charge de l'eau qu'elles retenaient, font tourner le poteau; les poutrelles échappent, et l'épanchoir est ouvert. On voit que l'arrondissement des angles des feuillures, et leur direction oblique à la position des poutrelles, facilitent le mouvement de rotation de ces dernières qui tend à les dégager. Comme les anneaux qui portent les poutrelles sont enfilés par une chaîne dont les deux bouts sont fixés, l'un à l'anneau de la poutrelle supérieure, et l'autre à un anneau scellé dans le parement de la pile, toutes ces poutrelles sont entraînées par le courant sur l'arrière de la pile, et on les retire ensuite facilement au moyen d'une gaffe : dès que le niveau des eaux est baissé, on abat les relèvemens mobiles.

Le pont en bois établi sur les piles pour le service des épanchoirs et celui des relèvemens, est brisé dans la partie qui correspond au milieu de l'intervalle des piles. Lorsqu'on veut supprimer la communication, chaque fragment vient s'appliquer a la partie supérieure de la pile qui lui correspond, en tournant autour d'un boulon, et sur des roulettes en cuivre fixées en dessous du tablier; le mouvement de ces roulettes a lieu sur un cercle de fer encastré dans le couronnement de la maçonnerie, afin de diminuer le frottement.

La manœuvre des épanchoirs mobiles présente cet avantage que les eaux tombant en masse et avec une très-grande vîtesse, produisent l'effet d'une écluse de chasse;

elles balaient les sables, et entretiennent un fond suffisant. On doit laisser les épanchoirs ouverts le plus qu'on peut, sur-tout pendant les crues pour ne point arrêter les graviers. Lorsque les épanchoirs sont ouverts, la marche des barques est suspendue; elle l'est encore chaque décade, pendant plusieurs jours, pour attendre qu'il en soit réuni un certain nombre afin de les faire passer en convoi, la manœuvre des épanchoirs, malgré toutes les précautions qu'on peut prendre, devenant contraire à l'état physique de la rivière, et faisant chomer les moulins de la ville de Beziers qui se trouvent situés au dessous de la chaussée.

Lorsqúe les eaux ont leur libre écoulement, il y a $0^{m},65$ (2 pieds) de différence du niveau du couronnement de la digue fixe au niveau de la rivière.

Les ouvrages faits sur la rivière d'Orb pour faciliter la navigation entre le pont du grand chemin, ou de la ville, et la digue voisine du pont rouge, ont été bien conçus et paroissent assez bien coordonnés avec les ouvrages précédens.

Le trajet de la rivière d'Orb se faisant de la rive droite à la rive gauche, il était nécessaire d'avoir une profondeur d'eau suffisante depuis l'embouchure du canal qui vient de Fonseranne jusques au Pont-Rouge. Mais la topographie du terrain porte le courant principal de la riviere sur la rive gauche; il fallait donc d'abord ramener les eaux sur la rive droite, et les rejeter ensuite sur la rive opposée : voici de quelle manière on a rempli ces deux objets.

On a attaché à la rive gauche de la rivière, au dessous du pont du grand chemin, une ligne de pieux et de palplanches de 136^{m},388 (70 toises) de longueur, et de 4^{m},546 (14 pieds) de hauteur au dessus des basses eaux. Cette ligne traverse obliquement la rivière, et s'arrête à 23^{m},376 (12 toises) du bord opposé au dessus de l'embouchure du canal qui vient de Fonseranne.

Une seconde ligne plus forte que la première, parce qu'elle est soutenue par des jetées en grosses pierres, part de la rive droite au dessous de cette même embouchure; elle traverse obliquement le lit de la rivière, sur une direction à l'équerre de la première ligne. Sa longueur est de 107^{m},14 (55 toises); là elle se brise et continue à peu près parallèlement aux bords de la rivière dans une étendue de 506^{m},48 (260 toises) Un peu au delà de cette derniere ligne, une troisième ligne va se terminer à l'extrêmité de la digue fixe près des épanchoirs.

Il résulte de cette disposition deux canaux angulaires. La ligne oblique qui forme le premier canal, ramène toutes les eaux de la rivière d'Orb au devant de l'embouchure du canal de Fonseranne. La deuxième ligne oblique reçoit ces eaux, et les rejette sur la rive gauche, où elles sont contenues par les troisième et quatrième lignes qui vont en se retrécissant. Le dernier canal angulaire renferme toutes les basses eaux ; et c'est là aussi où le courant est le plus rapide dans les crues. L'interruption entre la troisième et la quatrième ligne donne passage aux eaux surabondantes qui se déversent entre cette digue et la rive droite, et y déposent en vertu de la diminution de vîtesse, les graviers et les sables qu'elles charrient.

Les bords de la rive gauche amont et aval du Pont-Rouge jusqu'aux épanchoirs, sont contenus en ligne droite par des files de pieux et de palplanches, afin de protéger cette rive gauche contre l'action des eaux qui y sont peut-être rejetées trop directement, et afin que ces eaux puissent se rendre avec facilité au canal d'Agde et aux épanchoirs.

La rivière d'Orb alimente jusqu'à l'écluse de Portiragnes, la branche du canal qui conduit vers Agde. On rencontre sur ce canal, après avoir passé le Pont-Rouge, deux demi-écluses qui sont des portes sans bassins, éloignées l'une de l'autre de 779^{m},360 (400 toises), et busquées du côté de la rivière pour en soutenir les grandes eaux. Pendant les crues, les barques s'arrêtent entre ces deux demi-écluses, et y trouvent un abri. La première qui date de la construction du canal, et qui est voisine de la rivière, s'appelle la *demi-écluse des Moulins neufs*, et celle qui vient ensuite, la *demi-écluse de Saint-Pierre*. La construction de celle-ci est d'une date assez récente. On a eu l'attention de tenir l'entretoise maîtresse supérieure de ses portes, plus élevée que celle des moulins neufs; on y a été déterminé sans doute, parce qu'en 1779 les eaux de la rivière d'Orb surmontèrent cette dernière lors d'une crue; mais l'écoulement ne fut pas assez considérable pour que le canal se mît entre les deux demi-portes à la hauteur des eaux de l'inondation. C'était le seul exemple de ce genre dans l'espace de vingt-quatre années, et il ne s'est pas renouvelé depuis. Après les inondations, les eaux de cette

espèce

espèce de retenue, qui restent élevées au dessus de la rivière d'Orb, servent à y chasser et à y ramener les sables qu'elle avait déposés dans le canal; la manœuvre des épanchoirs les porte ensuite au dessous de la digue.

A 10$^{kil.}$ (5 milles) de la rivière d'Orb, on trouve l'écluse de Portiragnes, et 6$^{k.}$ (3 milles) plus loin le torrent de Libron. Les ouvrages exécutés à l'occasion des désordres qu'occasionnait ce torrent, méritent une attention particulière.

Passage du Libron. — Le Libron prend sa source dans la montagne Noire à 2$^{myr.}$ (environ 4 lieues) au nord de Beziers. A 6$^{kil.}$ (3 milles) de l'écluse ronde pres d'Agde, il traverse le canal pour se rendre à la Méditerranée. Son lit, à sec la plupart du tems, reçoit brusquement un volume d'eau considérable provenant des pluies qui surviennent par intervalles, depuis la fin de l'été jusqu'aux approches du printems. On compte année commune environ vingt crues du Libron. Ce torrent charrie alors des *troubles* qui se répandaient autrefois dans le lit du canal, sur $\frac{1}{4}$ de myriamètre (une demi-lieue), et nécessitaient des curages fréquens et dispendieux. Le fond du canal dans cette partie, n'étant que de $0^m,650$ (2 pieds) plus bas que la Méditerranée, dont la distance au canal est de $1558^m,720$ (800 toises); puisqu'on n'a trouvé que $1^m,29$ (4 pieds) de pente depuis ce point jusqu'à la mer, et que le canal n'a que $1^m,948$ (6 pieds) de profondeur; cette pente n'était pas suffisante pour l'établissement d'un pont-aqueduc. Le besoin de surmonter une pareille difficulté, et de prévenir les ensablemens du canal, fit imaginer un moyen aussi simple qu'ingénieux, dont le résultat est généralement *de pouvoir faire passer à volonté, et sans qu'ils se mêlent, un cours d'eau sur un autre cours d'eau.* Telle est l'idée qui a donné lieu à la conception du *radeau de Libron* et des ouvrages qui en dépendent; leur première exécution eut lieu pendant le chomage de l'année 1766.

On a construit le long des deux côtes du canal, et en travers du lit du Libron, deux murs de $23^m,37$ (12 toises) de longueur, non compris les épaulemens qui ont $2^m,92$ (9 pieds) de chaque côté. La hauteur de ces murs est arrasée au niveau des eaux ordinaires du canal, leurs lignes sont convergentes, étant éloignées entr'elles en amont de $6^m,49$ (20 pieds) et en aval de $6^m,16$ (19 pieds). On a pratiqué le long de ces murs, une feuillure de $0^m,324$ (1 pied) de hauteur sur autant de largeur. C'est dans ce trapèze qu'on faisait arriver un radeau, dont les bordages s'encastraient dans cette feuillure qui s'opposait par ce moyen à son balancement ainsi qu'à son immersion, tandis que la forme en coin l'empêchait de glisser le long des parois. On relevait alors deux tabliers à charnières, placés sur l'avant et l'arrière, et qui s'appuyant contre les murs d'épaulement, élevés au niveau des plus hautes eaux du Libron, formaient ainsi les parois du nouveau lit offert au torrent. Cependant, malgré la précaution qu'on avait de recouvrir par des relèvemens mobiles et à charnières, les joints des bordages et du mur dans les feuillures, il s'y établissait une filtration assez forte, par où les *troubles* du torrent pénétraient dans le canal. Ils y formaient des dépôts, à la vérité moins considérables, mais qui renouvelaient la nécessité du curage avant le rétablissement de la navigation; ce qui faisait sentir que, quelqu'utile et quelqu'ingénieux que fût le moyen employé, il n'obtenoit pas un plein effet.

La question se trouvait réduite à parvenir a diminuer la hauteur des *troubles* sous le radeau. Il fallait pour cela rapprocher la surface inférieure du radeau du fond du canal. Mais comme il était nécessaire de conserver un plan au dessus de l'eau pour servir de lit au torrent, on ne pouvoit remplir ces deux objets qu'en se servant d'une barque pontée. Celle qui existe aujourd'hui sous le nom de *radeau de Libron*, et qui a été construite en 1776, ne diffère essentiellement du radeau primitif que par sa carêne. Deux hommes la manœuvrent de la même manière, mais avec plus de difficulté. Lorsqu'elle est arrivée dans le bassin, on la fait échouer par le moyen de soupapes établies dans son fond. Ses bordages, comme ceux du radeau, s'appuyant sur les feuillures latérales, soutiennent ainsi la barque à un peu plus de $0^{m},65$ (2 pieds) au dessus du fond du canal, hauteur à laquelle les *troubles* peuvent seulement parvenir, ce qui n'est pas dans le cas de nuire à la navigation. L'interruption du passage n'a lieu que pendant que le torrent s'écoule; ce retard ne dure que quelques heures, et rarement a-t-il lieu pendant un jour ou deux.

Pour retirer la barque, on ferme les soupapes; on la met ensuite à flot, en épuisant avec une vis d'Archimede les eaux dont elle était remplie, et on la remise dans une espèce de gare, pratiquee dans le franc-bord du canal.

Un pont de trois arches est élevé sur un radier arrasé à la hauteur du mur qui croise le torrent ; il fait traverser son cours au chemin de hâlage. Les eaux du torrent coulent sous ces arches et sur ce radier, glissent sur le pont de la barque, franchissent ainsi le canal, et se précipitent du côté opposé, où elles retombent dans leur lit sur un autre radier construit en retraite, et réglé de pente sur environ 10$^{m.}$ (5 toises 1 pied 3 pouces) de longueur, pour empêcher les affouillemens que cette chûte pourrait occasionner.

On a prévu le cas où les eaux du canal regonflées, tendraient à s'élever au dessus du radeau, et on a pratiqué dans les murs d'épaulement d'amont et d'aval, des épanchoirs destinés à l'écoulement de ces eaux surabondantes. On a également eu soin de ménager dans ces mêmes murs d'épaulement des feuillures verticales, destinées à recevoir des plateaux pour former, au besoin, des bâtardeaux, et mettre à sec les ouvrages du Libron.

Mais on n'attend pas toujours pour retirer la barque, que le torrent soit rentré dans son état ordinaire. Pressé par les avan tages et les sollicitations du commerce, du moment que les grandes eaux sont écoulées, on est souvent contraint de rétablir la navigation. Il entre alors dans le canal un reste d'eaux troubles, qui déposent avec d'autant plus de facilité qu'elles ont perdu de leur vîtesse; cette cause concourant avec les filtrations qui s'échappent entre les bordages et les feuillures, fait voir qu'on n'est point encore parvenu à se délivrer entièrement de la nécessité de curer de tems à autre le canal dans cette partie.

Cet inconvénient dont l'existence paraît démontrée, atténue les avantages qu'on a cru trouver dans la barque pontée. Cette barque a contre elle encore d'être plus coûteuse que le radeau simple; d'exiger un entretien plus dispendieux; d'être plus sujette aux dégradations, parce qu'elle n'est jamais bien vidée, et qu'elle est alternativement en dedans et au dessus de l'eau; elle offre plus de surface à l'action du vent de mer lorsqu'il souffle avec violence, et à l'impulsion du courant qui s'etablit entre l'écluse ronde et le Libron pendant les fortes crues de l'Hérault. Ces deux causes concourent ensemble, puisque le vent de mer occasionne les crues des rivières; elles contrarient l'une et l'autre l'arrivée de cette barque dans le trapèze qui lui sert de bassin, et tendent à l'en chasser, puisqu'ils agissent sur le plus petit côté; ce qui porterait à croire que l'entrée de l'ouvrage est à contre-sens, et qu'elle devrait être tournée du côté d'Agde: enfin, cette barque rend beaucoup plus pénible la manœuvre de force qu'on emploie pour la mettre en chantier.

Le courant dont nous avons parlé, qui a lieu dans la retenue de l'écluse ronde, provient des eaux des crues que la rivière d'Hérault verse dans le canal par des ouvertures qui donnent dans le port, et qui n'ont point d'issue du côté opposé.

L'action de ce courant est si marquée, qu'on est obligé, dans ces circonstances, de placer des tampes ou poutrelles dans les rainures verticales de la maconnerie de l'ouvrage de Libron, afin d'en défendre le radeau, et de prévenir les comblemens qui résulteraient dans cette partie, si le radeau parvenait à être chassé après avoir été mis en place.

Si l'on n'en revient au radeau simple, du moins paraît-il nécessaire de remédier à une partie des désavantages remarqués dans l'emploi de la barque pontée. C'est ce qu'on a eu l'intention de faire en proposant de construire dans la retenue en amont de l'ouvrage de Libron , un bassin que l'on formerait de deux piles destinées à recevoir dans leurs rainures verticales des vannes qui clorraient ce bassin : les eaux du Libron y seraient introduites par un coursier où elles se dirigeraient , lorsqu'un bâtardeau construit en planches sur le radier du pont de hâlage barrerait leur cours.

Ces eaux y élèveraient de 65 à 81 centimètres (2 pieds à 2 pieds $\frac{1}{2}$) le niveau ordinaire de la retenue. Elles aideraient à ramener ainsi sans effort la barque sur un grillage en bois de chêne, projeté dans un des côtés de ce bassin comme chantier de radoub, où elle serait mise à volonté en chantier ou bien à flot, par le jeu facile des tampes et du coursier : cette manœuvre d'eau serait plus simple et plus expéditive que la manœuvre de force qu'on emploie actuellement

L'ancien lit du Libron était très-resserré , il avait tout au plus 3^{m},896 (2 toises) à sa base. Lorsqu'on eut trouvé le moyen de remédier aux désordres de ce torrent, on redressa son lit sur une très-grande étendue jusqu'à la mer, et l'on augmenta sa largeur qui est aujourd'hui de 23^{m},367 (12 toises).

On ne trouve entre le Libron et l'Hérault, que le ruisseau de l'Ardillon ou du Dardaillon, qui reçoit les eaux de plusieurs ravines qu'il porte dans le palus de Roucante, d'où elles entrent dans le canal, et de là se rendent à la mer par les passelis de la retenue de l'écluse ronde.

Ecluse ronde. — Le canal dérivé de la rivière d'Orb vers celle d'Hérault, se terminerait à cette rivière par une écluse ordinaire, sans une circonstance qui a mis dans le cas de lui donner une autre forme relative à l'objet qu'elle devait remplir. Une digue de barrage sur la rivière d'Hérault, pour le service des moulins de la ville d'Agde, établit deux niveaux, dont la différence est de 1^{m},623 (5 pieds). D'un autre côté, la retenue de l'écluse ronde est ordinairement plus basse que le niveau supérieur de la rivière; il fallait donc une écluse qui pût fournir à trois niveaux différens. On a construit à cet effet l'écluse ronde, près d'Agde, où se réunissent la retenue de l'écluse ronde, le canalet haut qui aboutit à la rivière d'Hérault au dessus de la digue des moulins, et le canalet bas qui débouche à la rivière au dessous de la même digue, et fait la communication du grand canal avec la mer par le grau d'Agde.

Les eaux du canalet haut ou premier niveau, sont supérieures de 3$^{déc.}$,347 (1 pied) à celles du second niveau, ou de la retenue de l'écluse ronde.

Les eaux du second niveau, ou de la retenue de l'écluse ronde sont supérieures de 1^{m},380 (4 pieds 3 pouces) à celles du canalet bas, ou troisième niveau.

La hauteur de la digue du moulin d'Agde au dessus des eaux ordinaires de la rivière, est donc la somme de ces deux différences, ou de 1^{m},703 (5 pieds 3 pouces).

Et si la digue se trouve établie à la même profondeur d'eau que l'éperon du canalet bas, la hauteur perpendiculaire de cette digue doit être d'environ 4^{m},545 (2 toises 2 pieds).

Les trois niveaux dont nous venons de parler se réduisent à deux, toutes les fois que les eaux de la rivière d'Hérault, au dessus de la chaussée, ne sont pas plus élevées que la retenue de l'écluse ronde.

On a donné à cette écluse une forme circulaire pour que les barques puissent y tourner; le bassin a 29^{m},226 (90 pieds) de diamètre et 5^{m},193 (16 pieds) de profondeur.

Ses murs sont en maçonnerie revêtus en pierre de taille, par assises réglées et élevées avec talus de $0^{m},027$ par $0^{m},324$ (1 pouce par pied) de hauteur.

Les trois ouvertures ont chacune $6^{m},169$ (19 pieds) ; elles sont fermées par des portes busquées. Mais, comme à raison de la supériorité de niveau du canalet haut, les portes qui soutiennent la retenue de l'écluse ronde sont sujettes à éprouver des variations de hauteur d'eau, on a couvert celles-ci seulement par des portes contre-busquées.

Les portes de l'écluse ronde sont épaulées par des bajoyers appuyés par des branches dont les unes sont évasées, et les autres tournées d'équerre.

Un pont de pierre pour la communication de la grande route de Montpellier à Agde, se trouve attenant à l'écluse du côté de la retenue de l'écluse ronde. On a pratiqué sous le pont, et en avant, des trotoirs qui servent de quais pour faciliter le chargement et le déchargement des barques.

Au milieu du grand sas de cette écluse, et dans la direction du canalet bas, est pratiqué un autre sas de la forme et de la grandeur de ceux des écluses ordinaires ; il a $1^{m},948$ (6 pieds) de profondeur.

« Nous observerons d'après Defer de la
» Nouerre, ingénieur des ponts et chaussées,
» que ce sas a été imaginé, non, comme le
» dit Bélidor, pour éviter de remplir d'eau
» tout le grand sas à la même profondeur,
» ce qui serait un inconvénient infiniment
» petit; mais réellement pour pouvoir don-
» ner au grand sas une moindre profondeur;
» d'où il a résulté une économie très-con-
» sidérable dans la construction de ses murs
» de revêtement, dont on a pu réduire
» l'épaisseur en raison de la diminution
» de leur hauteur, en augmentant cependant
» leur solidité. La poussée des terres contre
» ces murs étant nécessairement diminuée
» dans la même raison, on peut ajouter à
» ces avantages que présente la construc-
» tion de ce dernier sas, celui d'avoir en-
» core procuré les moyens de diminuer
» l'effort de la chûte des eaux contre le
» radier, lorsqu'on veut remplir le grand
» sas; les colonnes d'eau qui s'échappent
» par les vannes pratiquées dans les portes
» de l'Hérault ou de Portiragnes, tombant
» d'une moindre hauteur.

» On peut donc admirer la réflexion avec
» laquelle a été construit ce grand ouvrage,
» auquel il ne manque plus pour être per-

» fectionné, qu'un radier en pierre dans le
» fond du petit bassin, continué jusqu'à
» l'à-plomb des murs d'épaulement des ba-
» joyers de l'écluse ronde et du canalet
» bas (1) ».

Les observations qu'on vient de lire sur l'écluse ronde, ne pouvaient pas être mieux présentées, et elles annoncent dans Defer de la Nouerre un ingénieur très-versé dans son art.

Rivière d'Hérault. — Nous avons vu que la rivière d'Orb alimente le canal depuis Beziers jusqu'à l'écluse de Portiragnes. La rivière d'Hérault fournit ses eaux d'un côté par le canalet haut, à la partie depuis l'écluse ronde jusqu'à Portiragnes; de l'autre, jusqu'à l'écluse de Bagnas par la prise d'eau faite à sa rive gauche. La retenue de l'étang qui termine le canal du côté de la Méditerranée se trouve au niveau des eaux de l'étang de Thau, et est nourrie par ces mêmes eaux.

La demi-écluse de Prades défend la retenue de Bagnas contre les inondations de la rivière

(1) Description des ouvrages de maçonnerie du canal du Midi; manuscrit dont j'ai quelques extraits.

d'Hérault. On appelle *canalet de Prades*, la partie du canal comprise entre cette demi-écluse et la rivière.

Les sondes de l'embouchure du canalet de Prades donnent ordinairement 1^{m},123 à 1^{m},785 (5 pieds à 5 pieds 6 pouces) d'eau. Il est rare qu'il se forme une barre à l'entrée de ce canalet, parce que les eaux de la plaine de Florensac qu'il reçoit par des ouvertures faites à son franc-bord, produisent dans ce canalet des courans qui chassent les dépôts dans la rivière.

Pour passer du canalet haut au canalet de Prades, on remonte la rivière d'Hérault sur une étendue de 1051^{m},92 (540 toises). On trouve 2^{m},92, 3^{m},24 et 3^{m},89 (9, 10 et 12 pieds) de profondeur d'eau dans la direction du trajet que font les barques.

Les rivières d'Orb et d'Hérault suffisent à l'entretien de ces deux branches du canal du Midi, et à la manœuvre des écluses pendant l'année de navigation. Lors de la guerre de la liberté contre l'Espagne, ou il n'y a point eu sur le canal de chomage pour les travaux d'été, la navigation n'a pas souffert un moment de la pénurie des eaux de ces deux rivières.

Étang de Thau. — L'étang de Thau a

15 kil. (3 lieues) de longueur, et 5 kil. (une lieue) de largeur. Le canal se prolonge dans ses eaux sur une étendue de 6 kil. (3 milles), au moyen de jetées qui déterminent son lit, et servent en même tems de chemins de hâlage : le port de Cette est situé à l'autre extrêmité de ce bel étang.

Lorsque l'étang de Thau est soulevé par les vents de mer qui soufflent dans les directions du sud et du sud-est, les eaux de la mer communiquent avec celles de l'étang par les graus; elles refluent jusqu'à l'écluse de Bagnas, et elles s'élèvent dans cette circonstance de plus de 1m,298 (4 pieds) au dessus du niveau ordinaire de la retenue. Dès que le vent cesse, les eaux retombent et prennent leur écoulement vers la mer. Les alternatives d'élévation et d'abaissement de cette grande masse d'eau, et des autres de même espèce qu'on voit sur les côtes de la Méditerranée, constituent l'avantage des ports de cette nature sur ceux formés par des anses, et justifient ce proverbe des Italiens : *qu'une grande lagune fait un grand port.*

La navigation de l'étang de Thau est périlleuse par les coups de vent de sud et de sud-est; mais les bâtimens trouvent facilement un abri dans les ports de Balaruc, Bouzigues, Mèze, Marseillan, etc., et il est rare qu'il y arrive de naufrage.

Les crues de la rivière d'Hérault ont lieu depuis la mi-novembre jusqu'au mois d'avril; elles produisent à l'embouchure des canalets des atterrissemens plus ou moins considérables suivant leur durée : on entretient à ces embouchures $1^{m},948$ (6 pieds) d'eau en tout tems.

Pendant les débordemens, les eaux des rivières couvrent toute la partie de la plaine depuis Portiragnes jusqu'à l'écluse ronde. Cette retenue recoit donc les eaux des hauteurs de Portiragnes, du Dardaillon par le palus de Roucaute, du torrent de Libron et de la rivière d'Hérault, ce qui occasionne des comblemens dans cette partie du canal. On fait prendre aux eaux surabondantes leur écoulement vers la mer par 21 passelis ou reversoirs à fleur d'eau dont est percé le côté sud de la retenue de l'écluse ronde.

Port d'Agde. — Le port d'Agde est formé par l'embouchure de l'Hérault qui se jette dans une anse de la Méditerranée, à l'ouest du fort Brescou. Cette rivière est contenue depuis la ville jusqu'à la mer dans un lit d'environ d'environ 97 mètres (50 toises) de largeur, par deux quais construits en pierre de taille sur une longueur de 487 mètres (250 toises). C'est dans la facilité qu'éprouveraient les vaisseaux à entrer dans la rivière, par le plus grand nombre d'aires de vent, que consiste le principal avantage de cette embouchure.

L'anse où se trouve le port d'Agde est sujette, comme toutes les autres de la côte, à des ensablemens qui ont concouru à former une barre à l'entrée de ce port. On avait proposé pour enlever cette barre plusieurs projets, qui tous tendaient au prolongement du chenal par des jetées continues ou des jetées isolées, les unes et les autres plus ou moins étendues et ayant des directions diverses.

En 1782, Groignard, ingénieur général de la marine, que sa grande réputation dans les travaux de mer avait fait appeler à Agde pour dissiper les incertitudes produites par la variété de ces projets, attribua la formation de la barre à trois causes:

1°. Aux sables charriés par le courant littoral qui rase les deux pointes de l'anse de Brescou sans y pénétrer;

2°. Aux sables que le vent porte des dunes du couchant dans le lit de la rivière;

3°. A ceux qui filtrent à travers les jetées.

Pour remédier aux inconvéniens que présente la barre à la sûreté de la navigation, Groignard proposa de prolonger successivement les jetées, et sur-tout celle de l'est, de manière qu'elles dépassassent toujours les ensablemens à mesure qu'ils se formeraient. Il assurait qu'ils n'augmenteraient plus lorsque les jetées auraient atteint la ligne droite qui joint les deux pointes de l'anse. Il réduisait la largeur du chenal, de 100 mètres (50 toises) a 80 mètres (40 toises), en courbant la jetée de l'est vers celle de l'ouest; il proposait aussi d'aplanir les dunes et de les couvrir d'une plantation de tamaris qui garantiraient les sables de l'action des vents; et enfin de regarnir les fondations à travers lesquelles les sables pénètrent.

Mercadier, dans le memoire déjà cité au chapitre II, tout en approuvant les deux derniers articles du projet de Groignard, fait plusieurs observations importantes sur la partie relative au courant de Brescou. On sait que ce courant se dirige de l est à l'ouest. L'auteur remarque d'apres cela qu en prolongeant les jetees jusqu'au courant, il ne se formera plus à la vérité d'ensablemens à la gauche, ou à l'est des jetées, mais qu'on n'évitera pas pour cela ceux de la droite;

qu'au reste la passe restera libre du côté de l'est. Quant au prolongement successif, Groignard s'appuyait sur ce que l'ensablement n'augmentait que d'une toise par année. Mercadier réfute ce principe et fait voir au contraire d'après l'expérience, que l'ensablement est d'autant plus considérable que les constructions sont plus récentes; d'où il conclut que les jetees doivent être faites de suite. Il pense aussi qu'il serait désavantageux de les prolonger au delà du courant, et de les faire d'inégale longueur, sur-tout si la plus longue était celle de l'est, ainsi que le proposait Groignard.

Quoi qu'il en soit, le projet de Groignard réunit alors tous les suffrages. Pour construire les jetées avec économie et célérité, il proposa de les fonder dans de grandes caisses construites dans un lieu commode, et de les conduire ensuite dans l'emplacement qui leur était destiné, pour y être échouées en y introduisant de l'eau au moyen de robinets.

La construction de la première caisse réussit parfaitement; mais le sol sur lequel elle fut établie, composé de sable mobile, s'éboula et causa l'affaissement de la caisse, qui, dans cet état, ne put résister aux coups de mer qui la brisèrent. Pour conserver ce qui restait de la maçonnerie, on fut obligé de l'environner d'une jetée à pierres perdues.

Depuis 1785 on a exécuté à l'embouchure de l'Hérault deux jetées d'environ 272 mètres (140 toises) sur lesquelles on se proposait d'élever par la suite des digues en pierre de taille, sur 2 mètres (1 toise) de hauteur et 6 mètres (3 toises) de largeur. Elles convergent un peu et sont dirigées vers le sud-sud-ouest. La profondeur de la passe qui n'était auparavant que de 2 mètres (1 toise) tout au plus, se trouvait en l'an 3 de plus de 4 (2 toises). Mais on reproche plusieurs défauts à ces jetées. D'abord par leur direction vers le sud-sud-ouest, elles présentent le flanc au vent de sud-est qui cause les tempêtes dans ces parages, et aux vagues qui en en détachant des pierres et les roulant jusques dans le lit de la rivière, en retrécissent considérablement le chenal : il était réduit en l'an 3, à 64 mètres à peu près (32 toises). Cette direction empêche encore les vaisseaux d'entrer à la voile dans l'Hérault par le vent du nord-est qui souffle fréquemment. Les dimensions données aux jetées ne sont plus suffisantes ; la tête de la jetée de l'est se trouvant actuellement dans un fond de près de 11 mètres (34 pieds), et les vagues agissant sur elle avec une violence proportionnée à cette hauteur, elles la dégradent continuellement et en transportent les pierres à 18 et 20 mètres (9 à 10 toises) de l'embouchure. On a remarqué aussi un inconvénient bien grave à prolonger la jetée de l'ouest autant que celle de l'est; les vaisseaux qui arrivent par les tems orageux, sont exposés à se briser contre cette jetée comme l'expérience l'a fait voir. Cette observation mérite d'être prise en considération; elle offre une nouvelle preuve de cette vérité incontestable, que, dans de pareils travaux, la meilleure théorie doit être soumise à l'épreuve de l'expérience pour conduire à des résultats certains.

La prolongation des jetées du port d'Agde a déjà porté à 4^{m}, 221 (13 pieds) la profondeur de la passe qui n'était autrefois que de 2 mètres (6 pieds). Cette moindre hauteur d'eau correspond à la barre qui existe à l'embouchure. Dès que l'obstacle est dépassé, on en trouve beaucoup plus. Les crues font varier la profondeur au dessus de la barre; mais il arrive qu'elle est presque toujours rétablie par les coups de vent qui soulèvent les sables de la barre, que le courant de l'Hérault porte au loin dans la mer, ou rejette sur la côte de l'ouest.

Depuis huit à neuf ans on n'a cessé d'entretenir les jetées du port d'Agde, qui de tems à autre avaient été très-endommagées par les tempêtes. Les dernières crues de l'Hérault ont formé dans certains endroits des dépôts qui gênent la navigation. La plupart des navires sont obligés de ne prendre à Agde que la demi-cargaison, et d'aller attendre le reste en mer, après être sortis du chenal.

Port de Cette. — Le port de Cette, second débouché du canal du Midi dans la Méditerranée, est situé à $1^{myr.}$, 33 (3 lieues) à peu près du fort Brescou, et à $1^{myr.}$, 777 (4 lieues) de l'embouchure de l'Hérault. Il est formé au sud par un môle d'environ 600 mètres (300 toises) de longueur, et d'une grande solidité. Une jetée qui part de la plage, et qu'on nomme *jetée de Frontignan*, le termine du côte de l'est.

La bouche du port de Cette est de 292^{m}, 2 (150 toises), et sa profondeur de 5^{m}, 845 (3 toises). Il communique avec l'étang de Thau par un canal qui, dans les moindres dimensions, a 29^{m}, 220 (15 toises) de large, et 2^{m}, 597 (8 pieds) de profondeur; ce canal est soutenu par des quais.

Ce port participe aux inconvéniens de

tous ceux qui sont situés aux débouchés de grandes lagunes ; il a les ensablemens à gauche et la passe à droite ; on y entre par les vents de sud-est.

Cette est le seul point qu'on ait pu trouver entre les Pyrénées et le Rhône pour servir d'asyle à de gros bâtimens ; il n'a d'ailleurs ni rade, ni mouillage. En 1671, pendant une tempête qui dura quatre jours, il servit de refuge à 70 vaisseaux qui s'y mirent à l'abri sans qu'un seul fût endommagé, et dans le mois d'avril, en pareille circonstance, il s'y retira dans une seule nuit 45 bâtimens.

Le port de Cette fut à peine établi qu'on s'apperçut que les ensablemens se portaient entre la jetée de Frontignan, et le cap formé par l'embouchure du canal de communication avec l'étang ; ce qui dût déterminer à construire le long de la plage, à partir du cap, une seconde jetée, afin de donner plus de force au courant ; et enfin une troisième isolée et de peu d'étendue, à peu près dans la direction de celle de Frontignan.

La jetée isolée est loin de procurer les avantages qu'on pouvait en attendre. En effet, comme l'observe Mercadier, elle forme avec celle de Frontignan et le grand môle deux ouvertures. La dernière est entretenue à une grande profondeur par le courant qu'occasionne le reflux dans l'étang de Thau et le canal de communication ; tandis que la première ne reçoit que les eaux apportées par le flux ; et comme cette ouverture est très-près de la plage, les eaux qui y passent sont toujours chargées de sables.

On peut conclure de ces observations qu'on remédierait en grande partie à l'ensablement du port de Cette, en réunissant la jetée isolée et celle de Frontignan ; en interceptant ainsi le passage des sables, il ne resterait à enlever que ceux introduits par l'autre ouverture, ce qui serait un objet peu dispendieux. Mercadier l'évalue au quart des curages annuels qui se montent à 50000 francs, ce qui donnerait une épargne de 37500 francs par an, ou d'un capital de 750000 francs, sans compter la dépense qu'exige de tems en tems le renouvellement des pontons. Il fait monter à 100000 francs tout au plus la jonction de la jetée isolée et de celle de Frontignan, dépense bien petite en comparaison des avantages qu'on en retirerait par l'agrandissement du port, qu'il serait possible d'étendre alors à volonté vers le nord.

Cet ingénieur propose encore de porter de la rivière d'Hérault dans l'étang de Thau, une quantité d'eau telle, qu'elle pût entretenir un courant dont la force ne fût pas assez grande, pour produire un banc de sable à la droite, comme le font les rivières qui se trouvent dans la même direction. Il faudrait pourtant qu'il en eût assez pour empêcher la mer d'entrer dans le port et arrêter des sables à la gauche. On conduirait ce courant au moyen d'un canal séparé de celui qui sert pour la navigation, et on réglerait ces eaux par un épanchoir en pierre avec des vannes à coulisses, placé à l'origine de ce canal : Mercadier estime la dépense totale de l'ouvrage à 200000 francs.

Les *canaux des étangs* font communiquer entre elles toutes les lagunes qui règnent sur la plage de la Méditerranée, depuis l'étang de Thau jusqu'à Aiguemortes, et forment en quelque sorte la continuation du canal du Midi. Le canal d'Aiguemortes à Beaucaire a pour objet le dessèchement d'une grande étendue de terrain, et sauve la navigation, dans cette partie, des inconvéniens des barres qui existent aux embouchures du Rhône. La rapidité de ce fleuve étant un grand obstacle a sa navigation, lorsqu'il s'agit de le remonter, le système de communication par des canaux devrait avoir lieu du midi au nord, le long du Rhône, et je crois qu'il existe un projet de l'étendre jusqu'à Lyon, en établissant un canal sur le revers des montagnes du ci-devant Vivarais.

Rade de Brescou. — Les inconvéniens des ports d'Agde et de Cette avoient porté depuis long-tems à proposer l'établissement d'une rade foraine en arrière du fort Brescou. Ce fort est situé sur un rocher avancé dans la mer d'à peu près 140 mètres (70 toises). La profondeur de l'eau, dans le bassin compris entre Brescou et la côte, s'est trouvé, en 1767, de 6 à 8 mètres (18 à 20 pieds) comme en 1633 et 1634, lorsque le cardinal de Richelieu y fit contruire la digue qui porte son nom pour y former un port. Le fond de ce bassin est tapissé d'algues, ce qui prouve ainsi que le résultat cité tout à l'heure, que les eaux charrient peu de sable à cet endroit.

Pour former la rade, il faudrait établir deux môles, l'un curviligne du côté de l'est, l'autre rectiligne du côté de l'ouest, chacun d'environ 600 mètres (300 toises) de longueur, sur 12 mètres (6 toises) de largeur. Cette forme serait préférable à celle du demi-cercle projeté sous Richelieu, parce qu'elle opposerait un moindre obstacle au courant littoral qui va de l'est à l'ouest. La légère courbure qu'on lui donnerait serait en outre suffisante pour procurer un très-bon abri aux vaisseaux qui viendraient s'y réfugier, et s'y mettre à couvert de la violence du vent de sud-est, qui est le plus terrible dans ces parages.

On éviterait par cette forme les ensablemens occasionnés par l'interception d'un courant qui dépose les sables auprès des obstacles qui le coupent perpendiculairement. Les dunes qui se sont élevées auprès de la jetée de Richelieu, sont une preuve bien convaincante de ce principe. En 1634 l'extrêmité du port touchait presqu'à la position actuelle de l'étang de Saint-Martin; il y avait 3 mètres (9 pieds) d'eau à peu près, et il recevait des galères en 1682: l'emplacement du port a été comblé depuis, et les sables se sont avancés jusqu'à la tête de la jetée.

La forme du môle de l'ouest est indiqué par la nature qui a placé sous cet alignement un banc de roche à une profondeur moyenne de 2 mètres à peu près (5 à 6 pieds); il contribuerait beaucoup à l'économie de la dépense et à la solidité de l'ouvrage. Les matériaux pour la construction des jetées se trouveraient sous la main : il existe sur le bord de la mer, vis-à-vis de Brescou, une carrière de pierre extrêmement dure et très-propre aux jetées. Ces môles devraient être faits par enrochemens et à pierre perdue : l'expérience a prouvé que ce genre de travaux était le plus solide, le moins dispendieux et le seul qui convînt sur les plages plates de la Méditerranée.

En isolant la pointe du cap d'Agde du reste de la côte par un canal assez large, on pourrait y pratiquer facilement un lazareth vaste, sûr et commode. On a calculé qu'un million suffirait pour porter à sa perfection un établissement que l'humanité et l'intérêt général réclament depuis bien long-tems.

MESURE DU BASSIN DE SAINT-FERRIOL
POUR EN DÉTERMINER LA CAPACITÉ.

La hauteur totale, qui est de 99 pieds, est divisée en 11 parties égales, par 11 repaires, dont le premier est de 9 pieds au-dessus du seuil de la porte d'enfer.

REPAIRES.	HAUTEUR sur le seuil de la porte basse.	SURFACES au niveau des repaires.	SURFACES MOYENNES.	SOLIDITÉ des TRANCHES.	CAPACITÉ depuis le fond.
	pieds.	toises carrées.	toises carrées.	toises cubes.	toises cubes.
Seuil de la porte basse.		0			
			458 $\frac{1}{2}$	688	688
Numéro 1.	9	917			
			2094 $\frac{1}{2}$	3142	3830
2.	18	3272			
			5016	7524	11354
3.	27	6760			
			9979 $\frac{1}{2}$	14969	26323
4.	36	13199			
			19082 $\frac{1}{2}$	28624	54947
5.	45	24966			
			34484 $\frac{1}{2}$	51727	106674
6.	54	44003			
			58603 $\frac{1}{2}$	87905	194579
7.	63	73204			
			82767 $\frac{1}{2}$	124151	318730
8.	72	92331			
			110322	165483	484213
9.	81	128313			
			140020 $\frac{1}{2}$	210031	694244
10.	90	151728			
			163240	244860	939104
11.	99	174752			
				939104	

ANNÉE 1784 ET 1785.

DATES.	QUANTITÉ D'EAU ARRIVÉE DU POINT DE PARTAGE.		PASSAGE des BARQUES. Nombre de Barques de	
	Mètres cubes.	Toises cubes.	Montée.	Descente.
Septembre 1784.	1465503,151	198132	24	24
Octobre.......	1814637,464	245334	130	100
Novembre.....	872658,265	117981	101	78
Décembre.....	997046,887	134798	64	66
Janvier 1785...	1159121,186	156710	71	87
Février.......	1260469,399	170412	106	61
Mars.........	876563,699	118509	96	95
Avril.........	981232,956	132660	106	103
Mai..........	729718,970	98656	93	90
Juin..........	497347,384	67240	86	73
Juillet........	554567,482	74976	74	67
Août..........	321611,564	43481	57	74
	11530478,373	1558889	1008	918

ANNÉE 1785 ET 1786.

DATES	QUANTITÉ D'EAU ARRIVÉE DU POINT DE PARTAGE.		PASSAGE des BARQUES. Nombre de Barques de	
	Mètres cubes.	Toises cubes.	Montée.	Descente.
20 Septembre..	1770516,745	239369		
Octobre.......	1084018,495	146678	140	98
Novembre.....	664310,836	89813	83	79
Décembre.....	611780,183	82711	70	71
Janvier 1786...	1345411,954	181896	72	42
Février.......	627601,510	85850	70	73
Mars.........	706486,249	95515	67	67
Avril.........	1132375,080	153094	6[illegible]	68
Mai..........	900195,806	121704	78	82
Juin..........	462006,429	62462	52	47
Juillet........	648489,508	87674	66	67
Août..........	420023,328	56786	62	63
	10374116,123	1402552	824	757

CHAPITRE IV.

De la comparaison des produits et des consommations des sources et des prises d'eau du canal du Midi.

En même tems que le canal du Midi reçoit la vie et l'activité des eaux recueillies, distribuées et dépensées avec l'art et l'économie qu'exigent la durée et l'importance de leur utilité, la frêle existence de cette grande machine se trouve en prise, d'un côté aux pluies d'orage qui descendent à torrens en suivant les pentes des collines qui la dominent; de l'autre, aux crues des récipiens principaux qui s'élèvent quelquefois jusqu'à la hauteur de ses bords, et rompent la faible barrière qui retient les eaux du canal dans leur lit.

Nous avons vu dans le chapitre précédent, de quelle manière l'art était parvenu à surmonter les obstacles que les torrens opposaient à la navigation du canal, en créant des ouvrages appropriés à la nature de ces obstacles.

Mais, quoique la trop grande abondance des eaux soit plus à redouter que leur pénurie, celle-ci n'est pas exempte d'inconvéniens. Tandis que les filtrations minent sourdement les francs-bords du canal, et consomment beaucoup d'eau en pure perte, l'évaporation journalière accroît un déchet qui est d'une importance majeure, sur-tout dans les tems de disette; car le climat sous lequel se trouve le canal du Midi, présente dans certaines années, les météores les plus terribles, et dans d'autres, pendant plusieurs mois, l'absence totale de ces météores qui condamne le pays à la sécheresse la plus alarmante.

Ces deux causes de déperdition demandent à être appréciees; elles exigent qu'on fasse entrer leurs quantités, comme élémens, dans le calcul des dépenses d'eau du canal, comparées avec les produits des sources de la Montagne-Noire et des prises intermédiaires.

La comparaison des produits et des dépenses d'eau du canal du Midi, va nous fournir la solution d'une question très-utile, dont les résultats donneront les moyens de juger si la distribution des eaux dans le canal est bien réglée, et si un ouvrage, d'après les consommations d'eau qu'il occasionne, a été bien conçu et bien exécuté.

Je dois à l'amitié du c[n] Clausade, ingénieur distingué du canal du Midi, des notes intéressantes sur ce chapitre; il s'est d'ailleurs prêté avec la plus grande complaisance à me procurer tous les renseignemens que je lui ai demandés. J'aurais desiré trouver les mêmes avantages auprès d'autres personnes à qui je m'étais également adressé; mais, si elles n'ont pas cru devoir me faire part de leurs lumières, auxquelles j'attachais beaucoup de prix, l'importance du sujet me fait espérer que je pourrai profiter de leur critique. Je dois donc prévenir que la question que je traiterai ne peut être envisagée que sous le point de vue de la méthode, et non comme présentant des résultats très-rigoureux.

Une observation trop souvent vérifiée a démontré depuis long-tems, ce qui avait été vainement annoncé, que la dépense illimitée du canal de Narbonne, et sur-tout le volume d'eau excessif que la mauvaise forme de son débouché dans la rivière d'Aude exige pour son désablement, consomme beaucoup d'eau au grand canal; et que le réservoir de Lampy, construit pour suppléer à cette nouvelle dépense, ne produit aucun effet sensible dans cette partie.

Une observation constante démontre aussi l'insuffisance des prises de Fresquel, d'Orviel, d'Ognon et de Cesse, dans les années de sécheresse, pour la dépense de l'écluse octuple de Fonseranne, et sur-tout pour les pertes plus considérables encore qu'occasionnent les filtrations et l'évaporation. Nous avons déjà remarqué que la suppression des 54 prises d'eau, opérée par les soins de Vauban, avait, il est vrai, diminué la cause de l'envasement du canal du Midi; mais qu'il en était résulté une réduction considérable dans le volume d'eau destiné à alimenter ce canal.

Le chomage du canal amené par la pénurie des eaux, portant un préjudice notable à son revenu, et pouvant devenir, dans des circonstances urgentes d'approvisionnemens, une calamité publique, il sera nécessaire de rechercher les moyens d'augmenter le volume des eaux du canal, afin d'en assurer constamment la navigation pendant l'année: nous nous occuperons de cette seconde question dans le chapitre suivant.

Pour traiter la première avec méthode, nous allons examiner,

1°

1°. Quel est le produit des sources qui alimentent le canal ;

2°. Quelles sont les pertes occasionnées par les filtrations et l'évaporation, et quelle est la dépense causée par le manœuvrage de la navigation.

Les rivières d'Orb et d'Hérault fournissant au delà de ce qui est nécessaire à la navigation la plus active entre la première de ces rivières et la Méditerranée, nous ne comparerons point les consommations avec les produits dans cette partie ; cette comparaison n'aura lieu que sur celle comprise entre la Garonne et la rivière d'Orb.

Nous allons donc rechercher quelle est la somme totale des moindres quantités d'eau que reçoit le canal du Midi dans une année pendant le tems de sécheresse, soit de la tête d'eau, soit des prises intermédiaires, et nous en déduirons la quantité d'eau qui se perd par les filtrations et l'évaporation calculée sur leurs plus grands effets, ainsi que les consommations qui proviennent du manœuvrage de la navigation.

Commeçnons par observer que l'année de navigation est de 320 jours, le chomage du canal de 35, et qu'on emploie 10 jours à faire arriver dans le canal les eaux nécessaires pour le rétablissement de la navigation.

L'empèlement d'eau de l'écluse de tête du Médecin fournit à peu près 10060$^{m. cub.}$ (1360 toises cubes) dans une heure ; mais l'empèlement de Saint-Roch, près de Castelnaudary, ne donne pour dépense effective que 8137$^{m. cub.}$ (1100 toises cubes), ce qui est la mesure ordinaire des empèlemens (1) ; chacun d'eux ne doit donc être compté que pour 8137$^{m. cub.}$ (1100 toises cubes).

La partie du canal du Midi comprise entre la rivière d'Orb et celle de Garonne,

---

(1) La dépense d'eau est encore rapportée à deux autres unités de mesure qui sont la *meule* et le *pouce d'eau ;* la première est seulement en usage sur le canal du Midi ; les auteurs se servent de la seconde dans la plupart des ouvrages d'hydraulique.

La *meule d'eau* est le volume qui sort par une ouverture de 0^{m},21 (8 pouces) de large sur 0^{m},16 (6 pouces) de hauteur, avec une charge de 2^{m},5 à 2^{m},9 (8 à 9 pieds) d'élévation : la meule d'eau produit 628$^{m. cub.}$ 660 (85 toises cubes) par heure.

Le *pouce d'eau* est la *quantité d'eau que donne en une minute un orifice circulaire d'un pouce de diamètre, l'eau du réservoir etant à une ligne au dessus du bord supérieur du trou*, ce qui exige réellement deux lignes d'élévation à la surface au dessus du sommet de l'orifice. Cette quantité d'eau est de 14

a sa voie d'eau de la capacité de 5535835 m. cub. (747036 toises cubes).

Le réservoir de Saint-Ferriol, d'après les mesures prises en 1772, contient dans son complément 6946552 m. cub (939104 toises cubes).

Ces deux quantités donnent, il est vrai, le rapport des capacités; mais il s'en faut bien qu'elles expriment celui des volumes après le mouvement des eaux. En effet, pour qu'un certain volume d'eau provenant des sources, occupat un volume égal dans le canal, il faudrait que l'évaporation et les filtrations n'eussent rien fait perdre à ces eaux dans leur cours, jusqu'à leur destination. Tâchons donc de déterminer de quelle maniere ces élémens influent sur les dépenses.

Pour y parvenir, nous chercherons successivement les déchets dûs aux filtrations et à l'évaporation, à partir des sources jusqu'à l'écluse de Fonseranne, et jusqu'à l'embouchure du canal dans la Garonne; c'est-

---

pintes par minute, la pinte évaluée à 9 hectog. 782 (2 livres). D'après cela, la dépense d'un pouce d'eau en 24 heures est de 19720 myriag. 512 (40320 livres), ou de 1971 m. c. 386 (576 pieds cubes).

à-dire, 1° dans la rigole de la montagne, 2° dans celle de la plaine, 3° depuis le point de partage jusqu'à la Garonne, 4° depuis le point de partage jusqu'à l'écluse d'Argens, 5° depuis l'écluse d'Argens jusqu'à la rivière d'Orb.

Dans la rigole de la montagne, où l'on observe que l'évaporation doit être comptée pour très-peu, on estime que de 19313046$^{\text{m. cub.}}$ (2611392 toises cubes) il n'en arrive que les trois quarts au saut des Campmases où à l'épanchoir de Conquet; d'où il résulte une perte du quart, ou de 4828261$^{\text{m. cub.}}$ (652848 toises cubes) pour toute l'année de navigation.

La rigole de la plaine ne perd pas considérablement par rapport aux autres parties du canal; on porte les déchets réunis de cette rigole à 1207190$^{\text{m. cub.}}$ (163000 toises cubes) d'eau, ou au quart de la perte de la rigole de la montagne. D'après des observations faites avec soin, et souvent répétées, il résulte que les deux déchets réunis épuiseraient, pendant le cours de l'année de navigation, trois fois la quantité d'eau comprise dans la capacité du canal. Sur cette quantité, l'évaporation ne doit être comptée que pour $\frac{1}{5}$ et les filtrations pour $\frac{4}{5}$; c'est le résultat d'un terme moyen entre les parties qui perdent le plus, et celles qui perdent le moins.

La capacité de la voie d'eau, depuis la Garonne jusqu'à l'écluse d'Argens, est de 4100157 m. cub. (554300 toises cubes); donc le triple donnera pour perte totale 12300471 m. cub. (1662900 toises cubes). Ce déchet doit être distribué sur les branches de la Garonne et de la Méditerranée dans le rapport de 11 à 14; ce qui donnera enfin pour déchet depuis Naurouse jusqu'à l'écluse d'Argens 6888264 m. cub.; et 5412207 m. cub. de Naurouse à la Garonne.

Pour prouver que l'évaporation ne doit être évaluée qu'au cinquième de cette quantité, nous remarquerons que si on divise le $\frac{1}{5}$ de la perte depuis l'écluse d'Argens jusqu'à la Garonne, par le nombre de mètres carrés de la surface du canal, qui est sur la même étendue de 2920512 m. car. (768807 toises carrées), on aura au quotient $0^{m},848$ (31 pouc.) pour la hauteur de la section d'eau évaporée, ce qui est au dessus des plus forts résultats connus sous les climats où est situé le canal; car la quantité de pluie qui tombe à Saint-Ferriol est de $0^{m},625$ (25 pouces 4 lignes $\frac{82}{117}$), terme moyen pris sur neuf années : la partie de Lampy reçoit un peu plus d'eau que celle de Saint-Ferriol, à raison des brumes qui se fixent sur la Montagne-Noire quelquefois pendant huit jours de suite : à Trèbes il tombe, année commune, $0^{m},624$ (25 pouces) d'eau ; cette quantité doit être moindre à Beziers, parce qu'il y pleut moins souvent, et que l'évaporation y est plus forte.

Dans l'étendue depuis Argens jusqu'à Fonseranne, les deux déchets réunis sont bien plus considérables, sur-tout depuis les pertes énormes qu'occasionnent les filtrations du canal de Narbonne. Le résultat de la comparaison des produits et des dépenses donne cinq ou six fois la capacité de la voie d'eau de la grande retenue et du canal de Narbonne ; ce qui revient à une perte totale de $7550912^{m. cub.}$ (1156000 toises cubes).

En résumant ce qui vient d'être dit, on voit que la dépense d'eau produite par les filtrations et l'évaporation réunies, tant sur les rigoles que sur la ligne du canal pendant l'année de navigation, est de $25887334^{m. c.}$ (6814707 toises cubes), savoir $5177466^{m. cub.}$ (1035493 toises cubes) pour l'évaporation, et de $20709868^{m. cub.}$ (4141973 toises cubes) pour les filtrations.

Après avoir calculé les déchets sur la plus forte dépense, si on leur compare les quantités d'eau reçues dans les années de la plus grande sécheresse, on aura le rapport le plus certain, puisqu'il sera pris entre les termes variables les plus opposés.

Il est reconnu par des mesures exactes, et de nombreuses expériences faites depuis vingt ans, que dans les tems les plus critiques, la moindre quantité d'eau arrivée au point de partage a produit, pour l'année de navigation, 19298773$^{\text{m. cub.}}$ (2609000 toises cubes) d'eau à distribuer sur les deux versans du canal. Si l'on distrait de cette quantité 369850$^{\text{m. cub.}}$ (50000 toises cubes), pour la plus grande dépense qu'ait exigé le remplissage après les travaux, on voit qu'il devrait rester 15600273$^{\text{m. cub.}}$ (2109000 toises cubes) d'eau, pour l'objet des différens services du canal, pendant les 320 jours de navigation.

En suivant la proportion usitée, les 3698500$_{\text{m.}}$$^{\text{cub.}}$ (500000 toises cubes) sont distribuées, savoir, un peu moins des $\frac{2}{5}$ ou 1479400$^{\text{m. cub.}}$ (20000 toises cubes) du côté de la Garonne, et un peu plus des $\frac{3}{5}$ ou 2219100$^{\text{m. cub.}}$ (300000 toises cubes) du côté de la Méditerranée (1). Et pour l'objet de l'entretien et des différens services du canal pendant les 320 jours, du côté de la Garonne 7323452^m. cub. (957333 toises cubes), et du côté de la Méditerranée 8276821 ^m. cub. (1171667 toises cubes).

Si l'on veut savoir maintenant ce que les sources et les réservoirs, au dessus du point de partage, ont dû fournir pour rendre ces quantités d'eau au sommet du canal, il est évident qu'il faut ajouter à chacune d'elles, les pertes réunies des filtrations et de l'évaporation relatives au developpement du cours de ces eaux, et à la durée de leur écoulement.

Suivons le volume d'eau destiné au remplissage dans son mouvement jusqu'à la tête du canal, et prenons 10 jours pour le terme moyen du trajet. Puisque dans ce trajet les eaux perdent par l'évaporation et les filtrations réunies, 4828761 ^m. cub. (652848 toises cubes) dans la rigole de la montagne, et 1207190^m. cub. (163000 toises cubes) dans la

(1) J'ai cependant annoncé § 1, que la distribution des eaux se faisait $\frac{1}{3}$ d'un côté et $\frac{2}{3}$ de l'autre. J'aurais voulu me fixer sur cette disparate; mais je n'ai pu obtenir les renseignemens que j'avais demandés.

rigole de la plaine; la perte totale sera de 6035951$^{m. cub.}$ (815848 toises cubes) pendant les 320 jours de navigation, et pendant 10 jours, de $\frac{1}{32}$, ce qui revient à 188623$^{m. cub.}$ (25493 toises cubes). Ainsi pour qu'il arrive au point de partage les 3698500$^{m. cub.}$ (500000 toises cubes) de remplissage, il faut qu'il en soit parti 3887123$^{m. cub.}$ (525493 toises cubes) des réservoirs supérieurs.

La perte entre la Garonne et Argens étant de 12300471$^{m. cub.}$ (1662900 toises cubes), on trouvera par un calcul analogue que, dans l'espace de 10 jours, elle sera de 384389$^{m. cub.}$ (51934 toises cubes); en sorte que les deux déchets réunis monteront à 573012$^{m. cub.}$ (77427 toises cubes).

S'il avait fallu transmettre le volume d'eau de remplissage depuis la Garonne jusqu'à l'écluse de Fonseranne, ce qui arrive quelquefois, le déchet dans la grande retenue étant de 7550912$^{m. cub.}$ (1156000 cubes) pour les 320 jours, les eaux arrivées à ce point extrême auraient éprouvé un nouveau déficit de 235935$^{m. cub.}$ (36124 toises cubes); de sorte que la perte totale, depuis les sources jusqu'à Fonseranne, serait de 808947$^{m. cub.}$ (113551 toises cubes), et les 3698500$^{m. cub.}$ (500000 toises cubes) tirées des réservoirs n'auraient rempli que 2889553$^{m. cub.}$ (386449 toises cubes) du vide.

Il est évident qu'en augmentant le volume des caux qui arrivent des sources et des réservoirs, le tems du trajet et par conséquent le déchet seront moindres; ce déchet au contraire augmentera en proportion de la durée de l'écoulement, et la réduction du volume peut devenir telle que les pertes réunies l'absorbent à mesure qu'il entre dans le canal, de sorte que le remplissage ne puisse s'effectuer.

Cette observation explique ce qui arriva en septembre et octobre 1784; les réserves étant basses et les sources très-diminuées, on crut bien faire de distribuer les eaux en petit volume. Après 26 jours d'attente, le vide de la voie d'eau demeurait presque le même, quoiqu'il ne fût que de 3609736$^{m. cub.}$ (488000 toises cubes) tout au plus. Il fallut les pluies extraordinaires qui survinrent vers le 10 octobre, et qui donnèrent 11$^{mil.}$,575 (5 lignes) d'eau en une nuit, pour achever de remplir le canal.

Indépendamment du volume fourni par les sources pour le remplissage du canal du Midi lors du rétablissement de la navigation, nous avons vu que les mêmes sources envoient au point de partage dans le tems de la plus grande pénurie 1560027$3^{m. cub.}$ (2109000 toises cubes) qui se distribuent, savoir 732345$2^{m. cub.}$ (937333 toises cubes) du côté de la Garonne, et 827682$0^{m. cub.}$ (1171667 toises cubes) du côté de la Méditerranée.

Si l'on cherche la dépense qui a du être faite aux sources pour fournir à ce débit de la tête d'eau, on la trouvera de 2163623$4^{m. c.}$ (2924544 toises cubes).

Mais s'il s'agit de savoir ce que chaque débit a du fournir dans la ligne navigable qu'il alimente, pendant les 320 jours de navigation, nous observerons, pour le versant du côté de la Garonne, que le débit qui est de 732345$2^{m. cub.}$ (937333 toises cubes) doit avoir été diminué avant tout emploi, de $\frac{1}{5}$ de la perte totale de cette partie. On a vu que cette perte se trouvoit de 541220$7^{m. cub.}$ (728080 toises cubes); le $\frac{1}{5}$ était donc de 108244$2^{m. cub.}$ (145616 toises cubes) et le reste de 432924$5^{m. cub.}$ (582464 toises cubes); ce qui peut suffire à cinq montées et à cinq descentes par jour, en observant que la dépense doit s'estimer sur la plus forte écluse de cette partie qui est une écluse double. Cette dépense n'est pas considérable à la vérité, pour le service qui a lieu à ce débouché, mais ce mouvement n'est jamais que momentané.

Nous observerons encore que la distribution effective du point de partage est favorable à ce versant. Cet avantage est l'effet peu remarqué de la position de l'écluse de Montferran qui se trouve située immédiatement au dessous de la chûte de Naurouse, et qui doit profiter de la vîtesse due à la hauteur des eaux, tandis que l'écluse du Médecin qui fournit vers la Méditerranée est privée de tout ce que l'extrême différence de l'éloignement de ces deux écluses donne de plus à celle de Montferran.

Il n'a pas été tenu compte dans nos calculs de cet avantage donné au versant du côté de la Garonne; nous nous en sommes référés aux appréciations d'usage, quoiqu'on dût faire entrer dans l'estimation du débit sur ce versant, les considérations des vîtesses et des hauteurs qui viennent d'être remarquées.

Le débit du versant du côté de la Méditerranée, pour l'année de navigation, est de 8276821$^{\text{m. cub.}}$ (1171667 toises cubes), dont il faut retrancher avant tout emploi le $\frac{1}{5}$ de la perte totale que nous avons portée à 688826$\frac{1}{4}$$^{\text{m. cub.}}$ (915920 tois. cubes), le $\frac{1}{5}$ étant

1377653m.cub. (182784 tois. cubes). Il restera donc 5510611m.cub. (731136 tois. cubes), débit supérieur aux dépenses particulières du service dans toute l'étendue depuis Naurouse jusqu'au Fresquel; dépenses qui vont toujours en diminuant depuis le sommet jusqu'à Trèbes, et qui sont jusque-là toujours moindres que le volume d'eau abandonné par les filtrations. Le volume d'eau rendu à Argens, se trouve être de 1388557m.cub. (157747 tois. cubes); et il serait insuffisant au dessous du Fresquel pour le service de l'écluse et du moulin de Trèbes, si les prises réunies du Fresquel et d'Orviel ne donnaient, dans les tems les plus critiques, une augmentation de 6035951m.cub. (826000 tois. cubes) qui rétablit avantageusement le surcroît nécessaire de ce débit. L'écluse d'Argens doit, d'après cela, verser dans la grande retenue un volume de 7424508m.cub. (1083747 toises cubes) pour le minimum du débit, après avoir fourni à toutes les dépenses et déchets des parties supérieures.

En continuant d'observer le cours des eaux, on ne trouve plus dans la grande retenue l'avantage remarque ci-dessus pour l'emploi des eaux, avant d'être absorbées par les filtrations. Ici les dépenses se faisant sur le même niveau, elles sont toutes absolues, et la voie d'eau souffrira tous les déchets à la fois ; aussi cette partie du canal est-elle d'une consommation bien plus grande que les autres.

On estime que le *maximum* du produit des prises réunies d'Ognon et de Cesse, peut être évaluée à 16900664m. cub. (2284800 tois. cubes), ce qui, avec le volume provenant des retenues supérieures du canal, par l'écluse d'Argens, donne un volume total de 24325161m. c. (3368547 toises cubes); d'ou retranchant à raison des déchets 7550912m. cub. (1156000 tois. cubes), il en restera 16774249m. cub. (2212547 toises cubes) pour la dépense du canal de Narbonne et celle de l'écluse de Fonseranne.

Si l'on calculait la dépense de passage a l'écluse octuple, proportionnellement au nombre de barques (savoir 1000 de montee et autant de descente), on aurait bientôt trouvé que cette dépense absorberait dans l'année la quantité de 10946081m. cub. (1479800 toises cubes). Mais il s'en faut de beaucoup que ce soit la dépense effective de l'écluse, parce que les passages de la rivière d'Orb étant périodiques, les barques se rassemblent et se suivent de près pour la montée; de sorte que quand même on n'admettrait que trois barques montant ensemble dans les huit sas, et n'employant par conséquent à elles trois que la dépense d'une montée, il est évident que la dépense totale, calculée dans l'hypothèse d'une barque par montée, pourrait être réduite, non pas tout à fait au tiers, à cause du résultat de la descente évaluée au sixième, et qui reste le même dans tous les cas, mais aux $\frac{4}{9}$, ce qui, réduisant la dépense de 10946081$^{m. cub.}$ (1479800 tois. cubes) à 4864925$^{m. cub.}$ (657688 toises cubes), laisserait la quantité de 11909324$^{m. cub.}$ (1555312 toises cubes) applicable aux consommations du canal de Narbonne.

Il est difficile d'apprécier au juste la dépense particulière de ce petit canal, cependant nous pouvons nous rapprocher de son évaluation d'après les considérations suivantes.

Une observation constante prouve que le volume de 24325161$^{m. cub.}$ d'eau qui coule dans la grande retenue dans le tems de pénurie, est entièrement absorbé par l'évaporation, les filtrations, les manœuvrages et les divers services : or, puisque le maximum de dépense de l'évaporation des filtrations de la grande retenue et des passages combinés de l'écluse de Fonseranne, laissent un résidu égal à 11090324$^{\text{m.c.}}$ (1555312 toises cubes); il faut bien que ce résidu soit employé tout entier par les filtrations, les manœuvrages et le service des écluses du petit canal de Narbonne.

Il n'est pas indifférent de remarquer en outre que ce minimum de 11909324$^{\text{m. cub.}}$ (1555. 12 toises cubes) est plus que le quadruple de la capacité du réservoir de Lampy qui fut construit pour cette destination et pour suffire à cette dépense, et plus que l'octuple de la quantité d'eau que ce réservoir pourrait transmettre dans la ligne navigable, quelque route qu'on fît tenir à ses eaux.

CHAPITRE

TABLEAU résumé de la comparaison des produits et des dépenses d'eau.

	Mètres cubes.	Toises cubes.	Mètres cubes.	Toises cubes.
uantité d'eau fournie par les sources.	25430788,512	3462798		
roduit des 4 prises d'eau pendant 320 jours de navigation.........	22772275,200	3100800	48914697,312	6660498
roduit des mêmes prises pendant les 10 jours de remplissage........	711633,600	96900		
A déduire,				
our le déchet du produit des sources, jusqu'au point de partage........	6270233,760	853790		
our les déchets sur toute la surface de la voie d'eau................	20355376,960	2770340	26857207,840	3725110
ur les déchets pendant la durée du remplissage du canal............	741597,120	100980		
Nota. L'évaporation est ici portée double du terme moyen à cause de haute saison et du mouvement des ux.				
reste pour les divers services du canal à ses points extrêmes, les points intermédiaires ayant été servis par le passage des eaux destinées aux filtrations, et par le remplissage du canal après les travaux....................	....	....	21557489,472	2935388
SAVOIR:				
ur le remplissage du vide........	3297456,000	449000		
ur l'augmentation de ce vide pendant les 10 jours de remplissage, causé par les filtrations et l'évaporation....................	374544,000	51000		
ur la dépense de l'écluse de Fonseranne....................	4830060,672	657688		
ur celle du canal de Narbonne....	11422211,328	1555312		
ur la dépense de l'écluse de Garonne....................	1633217,472	222388		
	21557489,472	2935388		

e résumé présente des résultats assez satisfaisans; l'on sent qu'ils ne peuvent être que très-aproximatifs, s ils doivent rassurer sur les ressources du canal du Midi pour peu que l'on voulût y ajouter de soins et dépenses pour le perfectionnement des sources, l'aménagement des eaux existantes, et la recherche de velles eaux.

n peut remarquer dans le même résumé d'une manière plus sensible ce qui a été observé ;

°. Sur l'avantage que l'on a de donner les eaux en grand volume lorsqu'il s'agit de remplir le canal pour établissement de la navigation ;

°. Sur le peu de perte que cause l'évaporation en comparaison des filtrations ;

°. Sur l'emploi utile des eaux destinées aux filtrations avant qu'elles soient comptées pour une perte réelle.

CHAPITRE V.

Des moyens d'augmenter le volume des eaux du canal du Midi.

OCCUPONS-NOUS maintenant de rechercher les moyens d'augmenter le volume des eaux qui alimentent le canal du Midi.

Nous examinerons d'abord si, par une meilleure administration des eaux qui sont destinées à cet usage, on ne pourrait point remplir le but proposé; et ensuite comment on devrait s'y prendre pour en conduire de nouvelles à Naurouse.

Commençons nos recherches par la rivière du Sor, et observons combien les prises faites sur ses bords consomment d'eau dont elles privent nécessairement la rigole de la plaine.

Quelques arrosemens de peu de conséquence ont lieu en amont du village de Durfort; mais les irrigations à grande eau qui s'opèrent au premier moulin aval, et qui se succèdent près à près dans l'intervalle qui sépare le Pont-Crouzet de ce village, sont d'une bien plus grande importance. La déperdition d'eau causée par la nature du terrain des prairies, la profondeur du sol et son étendue, peut être évaluée à 646272$^{m.cub.}$ (88000 toises cubes) d'eau, volume que la rivière du Sor porterait de plus à Pont-Crouzet si les arrosemens étaient suspendus. Mais la prise la plus considérable est celle qui a lieu près de Pont-Crouzet même; elle prive la rigole de la plaine de 387763$^{m.cub.}$ (52800 toises cubes) parce que les eaux qu'elle débite ne peuvent rentrer dans le Sor que sous la chaussée de dérivation de la rigole qui est la principale nourricière du point de partage : il serait nécessaire de fermer entièrement cette prise.

Le moulin, ci-devant du Roi, placé sur la rigole de la plaine, en élève tellement la superficie qu'elle domine la campagne, ce qui donne lieu à des filtrations et à une prise d'eau. Or, en baissant de 0^{m},628 (2 pieds) le couronnement du déversoir près du moulin, et réduisant ainsi les eaux de charge à 3^{m},247 (10 pieds) de hauteur au lieu de 3^{m},875 (12 pieds) qu'elles en ont, les filtrations seraient moins abondantes, et la prise d'eau pourrait être supprimée avec plus de facilité.

Il existe encore au dessus de ce moulin, une

prise d'eau pour la ville de Revel qui fournit 1383022$^{\text{m.cub.}}$,080 (188220 toises cubes), ce qui est exorbitant; car les besoins réels pour une ville étant de 6462$^{\text{m.cub.}}$,720 (880 toises cubes) pour 1000 habitans, si celle de Revel en contient 6000, comme cela paraît être, il lui suffirait de 38776$^{\text{m.cub.}}$, 320 (5280 toises cubes) d'eau. Mais comme dans le trajet depuis la prise jusqu'à la ville, il peut s'en perdre un tiers au moins, on estime que ce serait à 77552$^{\text{m.cub.}}$, 640 (10560 toises cubes) que la prise d'eau devrait être fixée dans les tems de stérilité; et on gagnerait au profit de la navigation 1316117$^{\text{m.cub.}}$,486 (177760 toises cubes).

Les eaux de la rigole de la montagne sont parfaitement conservées jusqu'au dessous des Campmases. A cet endroit une grande partie des eaux est employée à arroser les prairies du vallon de l'Aiguille; plus bas on trouve encore une prise d'eau pratiquée sur la rive gauche. Ces déperditions ne sont nullement comparables à celle qui a lieu, sous le château de Vaudreuille, pour le jeu de trois moulins consécutifs dont les biefs ont des déversoirs superficiels et sont percés de divers épanchoirs à fond qui les distribuent dans des prairies immenses où la majeure partie est perdue entièrement; et ce qui en reste arrive sous un très-petit volume, au confluent du ruisseau de Laudot avec les eaux de la rigole de la plaine.

Le ruisseau de Moncapel qui coule dans le voisinage du Sor, est situé de manière à pouvoir donner une prise d'eau sans beaucoup de dépenses. D'après des notes sur l'ouverture des coursiers, et sur la hauteur de la chûte qui détermine la vîtesse des eaux du moulin de Laffon établi sur ce ruisseau au dessus de Sorèze, et considération faite des chomages de la mouture; il résulte que les eaux du Moncapel ne fournissent, dans les tems de sécheresse, que 2223175$^{m. cub}$,680 (302720 toises cubes) Une partie de ces eaux est dérivée à peu de distance, en aval du moulin, par une prise latérale dont la destination est d'abreuver la ville de Sorèze. Elle fournit en outre, au sortir de la ville, cinq prises d'eau pour arroser des prairies qui l'absorbent entierement. Il est indispensable de laisser subsister la dérivation; mais on pourrait au moins intercepter, au sortir de la ville, le résidu qui coule dans les fossés, en bouchant les cinq prises d'arrosage.

A 600 mètres (500 toises) environ de la ville, il existe une pessière qui a pour objet de soutenir les eaux à une hauteur suffisante pour alimenter deux prises d'arrosage qui devraient être supprimées. Au dessous il s'en trouve encore une autre dont la destination est la même. On pourrait pratiquer des vannes dans ces deux pessières, au sortir de la dernière contenir les eaux dans leur lit, et les y resserrer au moyen de deux petites levées faites en gazon et terre battue, jusqu'à la métairie de la Condamine; d'ou, après leur avoir fait traverser la grande route de Sorèze sous un aqueduc, on les porterait à la rivière du Sor, au dessus de Pont-Crouzet. La pente, depuis le point de dérivation de la métairie de la Condamine, jusqu'à l'endroit ou les eaux du Moncapel seraient introduites dans le Sor, est de 6^{m},974 (21 pieds 5 pouces 8 lignes), et la distance de ces deux points de 458^{m},200 (235 toises) Le volume de $2223175^{m\ cub}$ 680 (302720 toises cubes) du ruisseau de Moncapel ne fournira à la rigole qu'environ $1524401^{m.\ cub}$ 920 (207680 toises cubes), la perte du tiers à peu près provenant de la distribution des eaux dans Sorèze, et du ruissellement jusqu'à Pont-Crouzet.

La plupart des suppressions dont nous venons de parler auraient le double inconvénient de priver le pays des fourrages dont il a besoin, et d'obliger à indemniser les propriétaires des pertes qu'elles leur occasionneraient.

Le moyen le plus avantageux sans doute serait celui qui procurerait les mêmes résultats sans nuire aux intérêts des particuliers; examinons si l'on ne pourrait point tirer de nouvelles eaux de la Montagne-Noire.

Nous avons dit (Chap. Ier § I.) que la Montagne-Noire a deux principaux versans, celui du nord qui porte ses eaux dans la Tore, affluent de l'Agoût; et celui du midi dans le Fresquel: Le versant du midi fournit la plus grande partie de ses eaux à la rigole de la plaine; mais la totalité de ces eaux, après l'épuisement du réservoir de Lampy, n'est, année commune, que de 87246$^{\text{m. cub.}}$,720 (11889 toises cubes). La même rigole ne peut prendre les eaux dans le reste de ce versant, et dans sa partie orientale, parce qu'elles coulent dans des points trop bas vers la rivière de Fresquel, et de là dans le canal à 66$^{\text{kil.}}$,600 (15 lieues) du point de partage.

Pour mettre à profit les eaux du versant vers le nord, il faudrait les dériver de la rivière de Tore par un canal de 26$^{\text{kil.}}$

à $31^{kil.}$ (6 à 7 lieues) qui les portât dans la rigole de la plaine; mais cet ouvrage, quoique physiquement possible, serait trop dispendieux par les constructions et les indemnités qu'il nécessiterait.

L'abondance de la rivière de Sor en hiver, pourrait satisfaire au double emploi, de former un réservoir d'une assez grande étendue, et de fournir aux usines de Durfort. L'établissement d'un nouveau réservoir ne saurait être regardé comme superflu, puisque l'on sait qu'en outre de l'insuffisance de celui de Lampy, le canal du Midi a chomé quelquefois, depuis cent ans, par l'état de stérilité des eaux qui l'alimentaient, et que bien souvent on a été réduit, non seulement à modérer le chargement des barques, mais encore à les faire marcher par convois afin de perdre le moins d'eau possible.

Le lieu propre à former ce réservoir se trouve dans le vallon du Sor, près du moulin de Garbette. Le mur de barrage serait construit un peu en aval du moulin entre deux rochers dont la distance, au fond du vallon, est d'environ 40^{m}, (20 toises). Le terrain a de pente, $0^{m},026,67$ (10 lignes $\frac{1}{7}$), par 2 mètres (2 tois.), et le talus des joues est de $\frac{2}{7}$ sur 1. Un mur de $22^{m},680$ (70 pieds) de hauteur porterait le refluement à peu près à $1500^{m.}$ (988 toises). La largeur du vallon, dans le fond, se trouvant être de $97^{m},400$ (50 toises), il s'ensuit que la largeur du réservoir, à sa superficie, serait de $228^{m},970$ (118 toises 2 pieds), et la largeur réduite de $163^{m},410$ (84 toises 2 pieds). La hauteur moyenne des eaux étant de $12^{m},310$ (5 toises 5 pieds), il en résulterait un cube de $3596051^{m.}$ (486150 toises cubes) à peu près, qui exprimerait la provision d'eau. En distribuant régulièrement cette masse d'eau de manière à n'en vider constamment que $1292544^{m.\,cub.}$ (1760000 toises cubes), la durée du débit serait de trois mois, et il est sans exemple que la sécheresse ait lieu pendant aussi long-tems.

L'emplacement de ce nouveau réservoir a été déterminé en l'an 5, d'après une tournée faite par Lespinasse et A........, ingénieurs du canal du Midi, l'un dans la division de Trèbes, l'autre dans celle du Somail.

L'état des sources du canal du Midi et des prises intermédiaires, dans les années les plus abondantes, est à très-peu près, d'un tiers en sus de la quantité d'eau que donnent les années de sécheresse; cette proportion s'accorde assez avec le rapport connu du nombre de jours de pluie des différentes années. D'après un assez grand nombre d'observations sur le climat du ci-devant haut Languedoc, on a compté dans les moindres années 88 jours de pluie, de neige ou de brume, et dans les plus fortes 115 jours. On évalue à 6080000 mètres carrés la surface des terres qui versent les pluies dans les sources, réserves et rigoles du canal au dessus du point de partage. En supposant que les prises d'eau du canal en reçoivent les $\frac{2}{3}$, ce qui est assez approchant de la vérité, cette quantité donnerait 0^{m},649 (24 pouces) de pluie dans les moindres années, et 0^{m},974 (36 pouces) dans les annees ou l'eau tombe abondamment; ce que je crois être au dessus de la quantité réelle que recoivent les parties superieures de la Montagne-Noire où l'on n'a point établi d'udomètre pour s'en assurer.

Il serait bien essentiel d'acquérir les forêts qui couvrent les sources nourricières du canal du Midi. On a remarqué que ces sources ont considérablement diminué depuis que l'on a abattu les quarts en réserve des bois de Ramondens, Laloubatière et Font-Brune. La régie du canal conserverait les bois en futaie, et ne les exploiterait qu'à la manière des forêts de sapins.

La considération de la diminution des sources n'est pas la seule raison qui dût faire desirer qu'on veillât avec le plus grand soin à l'aménagement des forêts. Les défrichemens des pentes des montagnes où l'on a fait des coupes, sont la cause des plus grands desordres; les eaux de pluie qui tombent sur ces pentes n'étant point contenues par les obstacles que leur opposaient les bois sur pied et les broussailles, affluent avec une grande vîtesse et en plus grande quantité dans le lit des rivières, et augmentent l'effet des inondations. Cette circonstance avait été vivement sentie en Italie, en 1748, a l'occasion d'une crue de la Brenta. Une pluie de dix heures dans les montagnes où cette rivière prend sa source, occasionna les ravages les plus affreux, et entraîna la chûte du pont de Bassano, construit par le célèbre Palladio. On reconnut alors que cette inondation aurait été beaucoup moindre, si on eût été plus soigneux de conserver les forêts qui couvraient ces montagnes.

Il résulte en outre de ces défrichemens que les eaux des pluies, au lieu de glisser sur les pentes des vallées, sans presque se charger de matières étrangères, parce qu'elles sont ordinairement couvertes de pelouses, pénètrent plus facilement les terres cultivées et en amènent une grande quantité dans les lits des rivières, où elles forment des atterrissemens qui sont la cause de tous les changemens qui surviennent dans ces cours d'eau.

L'aménagement des forêts devient donc sous tous les rapports, un objet de la plus haute importance, et qui mérite de fixer l'attention du gouvernement. Il est impérieusement réclamé par l'économie des sources qui alimentent les canaux navigables, et par le régime des cours d'eau naturels, dont la navigation combinée avec celle des cours d'eau artificiels, donne à un grand état le système de communications tout à la fois le plus avantageux et le plus économique. La théorie des canaux navigables a été mise en pratique avec un grand succès; mais l'art de régler les rivières et les torrens ne me paraît être ni aussi sûr, ni porté à un si haut degré de perfection que celui des canaux navigables. Les Italiens ont beaucoup écrit sur cette matière, et ils ont exécuté dans ce genre de grands travaux. Je ne sais s'ils doivent être pris exclusivement pour guides. Nous avons déjà observé que la rectification du cours des rivières d'Italie a produit des inconvéniens majeurs. On a voulu, dans ces derniers tems, pour régler le cours de la Brenta, imiter le moyen que la nature emploie pour diminuer la vîtesse des rivières qui entrent dans de grands lacs, et on a formé trop haut un *vasco*, un bassin artificiel. Il en est résulté une diminution de vîtesse dans le bas, un encombrement du lit et un exhaussement du fond de la rivière qui a forcé de porter les digues à une hauteur démesurée. En adoptant les principes de théorie qu'on a établis, et auxquels on doit s'empresser de rendre hommage, il ne faut point perdre de vue qu'il n'y a pas de matière où ces principes soient plus dans le cas d'être modifiés par les circonstances physiques. Il faudra donc faire entrer en ligne de compte, comme élémens essentiels, toutes les circonstances qui dépendent de la topographie du terrain, et des anomalies des rivières qui sont rarement les mêmes dans deux cours d'eau différens.

CHAPITRE VI.

De l'administration du canal du Midi.

L'ADMINISTRATION du canal du Midi a pour objet

Son entretien,

Ses produits,

Et sa police intérieure.

Les divers actes du gouvernement, à partir du mois d'octobre 1666, avaient pourvu à cette administration;

1°. Par l'adjudication a perpétuité de l'entretien du canal en faveur de l'entrepreneur et de sa famille.

2°. Par l'établissement d'un péage sur toutes les marchandises; *afin* (était-il dit) *d'avoir un fonds perpétuel et certain, et non sujet à divertissement, pour l'entretien du canal.*

3°. Par l'érection d'un tribunal de justice civile, criminelle et mixte, *pour assurer la conservation des ouvrages, la perpétuité des droits, la liberté de la navigation et du commerce.*

4°. Par l'organisation d'une régie intérieure.

§ I.

Titres primitifs.

En 1660 le projet de jonction des deux mers dans le midi de la France par un canal de navigation, fut proposé au gouvernement.

Un arrêt du conseil du 18 janvier 1663 ordonna l'examen du projet.

Le creusement d'une rigole d'essai pour conduire les eaux de la Montagne-Noire au point de partage, fut ordonné le 14 mars 1665.

Sur le succès de cette rigole, la construction du canal fut résolue; on dressa le devis pour l'estimation des ouvrages à exécuter depuis la rivière de Garonne au dessous de Toulouse, jusqu'à celle d'Aude, proche de Trebes; et par arrêt du conseil du premier octobre 1666, il fut ordonné que ces ouvrages seraient publiés au rabais, et adjugés au moins disant.

Le 14 du même mois la délivrance en fut faite à Riquet pour 5630000^{fr.} Le gouvernement demeura chargé d'indemniser les propriétaires, des fonds de terre, et les seigneurs, des fiefs.

Peu de jours avant cette délivrance, il parut un édit qui érigeait en fief cette partie du canal à exécuter pour être mise en vente, et les deniers en provenant être employés à la confection des ouvrages, ainsi que les produits de divers offices de regrattiers, etc. et du droit de navigation établi sous le nom de *péage*.

Le 7 du même mois d'octobre, arrêt du conseil interprétatif de l'édit, lequel considérant que *l'on pourrait ci-après prétendre lesdits fiefs et péages du canal être domaniaux*, ordonne que les adjudicataires et leurs héritiers en jouiront en toute propriété, *sans qu'ils puissent être censés réputés domaniaux ni sujets à rachat...... en satisfaisant par eux à l'entretien du canal à perpétuité.*

Les lettres patentes expédiées sur cet arrêt furent enregistrées au parlement de Toulouse le 16 mars 1667.

Le fief, le droit de péage et autres objets mis en vente en exécution de l'édit, furent délivrés à Riquet le 13 mai 1668, pour 200000 fr.

Le 23 janvier 1669, Riquet se rendit adjudicataire des ouvrages de l'autre partie du canal depuis Trèbes jusqu'à l'étang de

Thau pour 5832000 fr., le roi demeurant toujours chargé des indemnités des fonds de terre et des droits féodaux.

Peu de tems après, l'entrepreneur obtint la vente de ce nouveau fief pour autres 200000 fr.

Dès que les ouvrages eurent été achevés, reçus, et que le canal fut en pleine activité, un arrêt du conseil du 26 septembre 1684, règla définitivement le tarif pour le droit de péage; et sur la demande de Riquet Bonrepos, un des fils de Pierre Paul Riquet, il fut ordonné que, moyennant les droits portés en ce tarif, ledit Riquet Bonrepos serait *tenu d'entretenir en tout tems*, *et en bon état de navigation ledit canal*, *écluses*, *magasins*, *réservoirs*, *rigoles*, *chaussées*, *etc.*

§ II.

De l'ancien tarif de 1684, et du nouveau tarif de l'an 5 qui l'a remplacé.

Il avait paru un premier tarif en 1666 qui établissait le droit du canal sur la valeur des marchandises; il portait de plus un droit de 0 fr., 25 c. (5 sols) pour le passage d'un bateau à chaque écluse.

Ce

Ce tarif était vicieux; il fut remplacé par celui du 26 septembre 1684, qui a été suivi jusqu'en l'an 5. Il portait généralement $0^{fr.},025$ (6 deniers) pour $48^{kil.},915$ (1 quintal) de toutes les marchandises, *sauf quelques articles tarifés spécialement, soit en plus, soit en moins, et au cube ou à la quantité.*

L'assemblée législative, après une discussion solemnelle, déclara, par une loi du 21 vindémiaire an 5, *que les grands canaux de navigation font essentiellement partie du domaine public.*

Elle fit un nouveau tarif pour le canal du Midi, basé sur l'ancien pour la simplicité des droits qui n'avaient pas varié depuis 1684, si ce n'était momentanément, durant les dernières années de la dépréciation du papier-monnaie.

Cette loi a augmenté le tarif des droits de navigation; mais l'article IV qui détermine les bases de ce droit, renferme une erreur considérable qu'il importe de relever.

La dénomination nouvelle des poids et mesures ne se rapporte pas avec les valeurs exprimées par les anciennes dénominations; il reste à décider dans laquelle de ces dénominations la loi doit être entendue.

D'après l'énoncé en nouvelles mesures,

l'ancien droit de 0^fr.,667 (13 sols 4 den.) serait porté à 95^c.,33 (19 sols), parce que dans l'ancien tarif, la lieue était de 3061 toises, tandis que dans le nouveau, elle n'est que de 2566; ce qui donnerait près d'un sixieme, ou sept lieues $\frac{2}{3}$ de plus au canal, c'est-à-dire, qu'il aurait 47 lieues $\frac{2}{3}$ au lieu de 40.

D'après l'énoncé en anciennes mesures, le droit primitif est augmenté depuis le nouveau tarif, de $\frac{3}{16}$, ce qui porte la totalité du droit à 0^fr.,792 (15 sols 10 deniers).

La perception actuelle s'effectue en quelque sorte sur un terme moyen entre les deux énoncés. Il est très-important de se fixer sur une différence de près de 350000^fr. que produirait les 7 lieues $\frac{2}{3}$ de plus, et les $\frac{3}{16}$ d'augmentation du droit, en supposant un transport de 60000000 ^kil. (1200000 quintaux) de marchandise.

Si les nouvelles mesures étaient adoptées, on paierait aujourd'hui pour 10 mille myriagrammes (2044 quintaux 38 livres) 1600^fr., au lieu de 1618^fr.,96, que coûte le transport de ce nombre de myriagrammes; et le commerce profiterait de 18^fr.,96, provenant de l'augmentation du poids sur le quintal qui serait alors de 102 livres, et le droit se trouverait de 80^c. (16 sols).

L'augmentation très-peu considérable de ce dernier tarif ne peut nuire au commerce, parce qu'elle laisse toujours subsister une très-grande différence entre les avantages de la route du canal et ceux de la voie de terre, la première route étant à la seconde, pour le prix du transport, comme un est à quatre : en sorte que la facilité, la sûreté et la modicité du prix des transports rendent préférable la voie des canaux qui tend d'ailleurs à animer l'agriculture, le commerce et l'industrie.

L'observation d'un siècle a prouvé que les denrées et les marchandises ayant triplé et même quadruplé de valeur, et les droits du canal étant restés les mêmes, ces droits tout faibles qu'ils étaient, se trouvaient avantageusement compensés par une plus grande masse de transports procurée par le prix meilleur auquel ils étaient faits.

Il s'ensuit de là qu'il ne faut pas trop élever les droits pour ne pas s'exposer à une diminution dans les produits des transports, parce que le commerce cherche toujours les débouchés les moins dispendieux; et que lorsqu'il se sent gêné par des frais extraordinaires, il ne se livre plus à des spéculations.

L'entrepreneur du canal en recevant la

propriété de cet ouvrage à charge de l'entretenir, obtint encore la faculté exclusive d'y avoir des bateaux.

La forme du canal et de ses écluses demandait des bateaux d'un gabarris particulier qui, ne leur permettant pas de naviguer sur les rivières, les bornerait au seul service du canal. Il fallait en outre que l'emploi des eaux fût fait avec un ordre et une économie proportionnés aux circonstances, et ne se trouvât point en butte au caprice du premier venu qui, passant et repassant à vide, les épuiserait en pure perte.

Ce fut donc par des motifs pris dans la nature de la chose, pour l'aménagement des eaux et le maintien assuré de la navigation, qu'on en rendit maître le propriétaire du canal; car il fallait que quelqu'un le fût.

Dès que la navigation fut praticable, le propriétaire fit construire des bateaux convenables conduits par des patrons à ses gages, et les chargeurs payèrent $0^{\text{fr.}},025$ (6 deniers) de voiture par $48^{\text{kil.}},915$ (un quintal) et par $5^{\text{kil.}}$ (une lieue), selon le tarif de 1684.

Peu d'années après les transports se multipliant, il se présenta des patrons étrangers qui avaient fait construire des bateaux à l'imitation de ceux des propriétaires ; ils offrirent de se louer eux et leurs barques pour voiturer à sa décharge, moyennant un certain salaire.

Dans ces commencemens le lit du canal se trouvait moins parfait ; les eaux étaient moins bien administrées ; on passait dans quelques écluses étroites et peu profondes. aussi les bateaux étaient-ils petits, les chargemens de moitié moins pesans qu'aujourd'hui, les voyages plus longs et plus casuels, à cause des accidens plus fréquens ; par conséquent la dépense des conducteurs beaucoup plus forte et le gain moindre. D'après ces considérations, le propriétaire en permettant aux patrons étrangers d'introduire leurs barques dans son canal, leur accorda verbalement, et sans autre formalité que celle dont on use avec un journalier, 0fr.,008 (2 deniers) 48kil.,915 (un quintal) par 5kil. (une lieue), et se réserva les 0fr.,016 (4 den.) restans pour les dépenses d'entretien.

Peu à peu le nombre des barques et des patrons étrangers augmenta au point que ce service externe devenant suffisant, le propriétaire cessa d'avoir des bateaux à lui.

Le tiers du droit total, ainsi cédé, était

déjà un salaire considérable; mais il l'est devenu bien davantage par le perfectionnement du canal qui a rendu les voyages moins longs, et a permis de construire des barques qui voiturent le double de ce qu'elles transportaient dans l'origine.

L'appas d'un gros bénéfice a fait accroître démésurément le nombre des barques, qui ne s'est plus trouvé en proportion avec un travail possible. Dès lors le patron ne pouvant aller s'occuper ailleurs, et forcé de solliciter la préférence des chargemens, s'est trouvé dans la dépendance absolue des chargeurs, et a fait des relâchemens sur le tiers du droit que lui avait abandonné le propriétaire. Ce droit de 0^{fr},008 (2 deniers) qui, de Toulouse à l'étang de Thau, aurait dû rapporter au patron $0^{fr.}$,333$^{m.}$ (6 sols 8 den.) par $48^{kil.}$,915 (un quintal), était réduit à $0^{fr.}$, 225$^{m.}$ (4 sols 6 deniers) par le chargeur : le patron perdait donc $0^{fr.}$, 108 (2 sols 2 deniers).

La loi du 21 vindémiaire an 5 a confirmé la séparation qui existait de fait, mais par une convention tacite, entre le droit de navigation et le droit de voiture, ou nolis, qui demeure libre entre les négocians et les patrons; la loi n'ayant pas cru possible de fixer les traités respectifs de ces derniers d'une manière invariable.

Les barques du canal du Midi réduites par leur forme, comme nous l'avons dit, à cette seule navigation, dépérissent si elles ne sont occupées. Pour qu'elles puissent toutes travailler, il faut que leur nombre soit proportionné au travail moyen; mais le nombre de ces barques devrait être tel, qu'à l'époque du moindre travail, elles y participassent toutes en gagnant de quoi s'entretenir; et que, dans les cas urgens, elles pussent pourvoir à la navigation la plus animée. La fixation à 150 barques paraîtrait remplir ce double objet, même surabondamment; en voici la preuve.

La moindre barque du canal peut charger 880$^{\text{kil.}}$ (1800 quintaux); beaucoup vont à 978$^{\text{kil.}}$ (2000 quintaux) et au delà.

La plus longue navigation que puissent faire les barques de Toulouse à Beaucaire, et de Beaucaire à Toulouse, s'exécute en 30 jours. On doit observer que la majeure partie des voyages a lieu de Toulouse à Agde, et qu'on peut faire ce traiet pour l'allée et le retour en 20 jours.

En partant de ces données, 150 barques navigant pendant dix mois de l'année, feront à un mois par voyage, en allant de Toulouse à Agde. . . . . 1500 voyages ou chargem.

On compte que d'Agde à Toulouse il ne va guère, année moyenne, que les $\frac{4}{10}$ de ce qui en part ; le retour de ces 1500 voyages ne produiront donc qu'à peu près. . . . . . . 600 *idem.*

Total des voyages en allant et venant. . . . . 2100.

En réduisant à 70000^kil.^ (1400 quintaux) chaque chargement, le transport total serait de ci. . . . . 147000000^kil.^ (2940000 quintaux).

Si le chargement était de 80000^kil.^ (1600 quintaux), ce serait un septième de plus, ou. 21000000.

Et pour le total. . . . . 168000000. (3360000 quintaux).

Si les voyages se faisaient dans 25 jours au lieu de 30, ce serait un cinquième de plus, ou . . . . 33600000.

Et pour la totalité. . . . . 201600000.

(4032000 quintaux).

En sorte que 150 barques pourraient voiturer par le canal et par les étangs, plus de 200000000$^{kil.}$ (4 millions de quintaux) chaque année, dans l'espace de dix mois, et cela excède de moitié ce que peut demander le commerce le plus actif.

Le transport moyen d'une extrêmité à l'autre du canal peut être fixé à 60000000$^{kil.}$ (1200000 quintaux), qu'on sent bien que 150 barques feront facilement en gagnant seulement 0$^{fr.}$,25 (5 sols) par 48$^{kil.}$,915 (un quintal) ou 300000$^{fr.}$, ce qui fait 2000$^{fr.}$ de salaire par barque.

Ce gain est suffisant pour trouver l'intérêt à 10 pour cent du prix de la barque estimée d'achat 4000$^{fr.}$, pour fournir aux réparations et aux agrès, pour nourrir le patron et ses aides pendant cinq ou six voyages, et pour avoir 600$^{fr.}$ de reste. On ne comprend pas dans cette évaluation le petit commerce personnel qui ne manque jamais d'avoir lieu.

Le moindre transport qu'on puisse supposer par le canal du Midi, d'après ce que fournissent les résultats d'une longue expérience, est de 45000000$^{kil.}$ (900000 quintaux) lesquels à 0$^{fr.}$,25 (5 sols) les 48$^{kil.}$,915 (le quintal) font 225000$^{fr.}$ pour les 150 barques, ou 1500$^{fr.}$ pour chacune. Ce travail tout médiocre qu'il est, les soutiendrait pour attendre une bonne année qui remet au niveau des bénéfices raisonnables.

Le nombre des barques réduit et fixé à 150 paraîtrait donc suffisant pour assurer constamment la navigation du canal du Midi.

Nous avons dit que le travail le plus animé d'un bout du canal à l'autre était de 100000000$^{kil.}$ (2000000 quintaux), le moyen de 60000000$^{kil.}$ (1200000 quint.) et le moindre qu'on puisse supposer, de 45000000$^{kilog.}$ (900000 quintaux). On peut inférer de ces différentes données que le canal voiture, année commune, entre Toulouse et Agde pour l'allée et le retour, 60000000 de kilogrammes (1200000 quintaux), qui coûteraient 6000000 de frais de voiture par terre, à raison de 5$^{fr.}$ les 48$^{kil.}$,915 (un quintal poids de marc) qui est le prix le plus bas qu'on puisse supposer aujourd'hui à raison de l'état des routes et des barrières.

Ces 60000000 kilogrammes (1200000 quintaux) voiturés par le canal, ne reviennent, d'après le prix réglé par le nouveau tarif, qu'à 1260000$^{fr.}$, d'où il résulte une économie de 4740000$^{fr.}$ par an, dont la plus grande partie rejaillit sur les propriétaires des terres, parce que les denrées sont le principal aliment des transports du canal.

On ajoutera encore à cette observation que la voiture par terre coûterait vraisemblablement la moitié en sus du prix auquel elle est portée, sans la concurrence du canal.

En réunissant le droit actuel de $0^{fr.}792^{m.}$ (15 sols 10 deniers) par $48^{kil.},915$ (un quintal) pour toute la ligne de navigation, avec le nolis du patron estimé à $0^{fr.}, 258^{m.}$ (5 sols 2 deniers) et même à $0^{fr.}, 308^{m.}$ (6 sols 2 deniers), tel qu'il peut être dans un tems de travail, le prix du transport de $48^{kil.}, 915$ (un quintal de marchandise) sera donc de $1^{fr.}, 20$ (22 sols) : il n'y a pas de canal en France dont la voiture soit meilleur marché, ni même de rivière à distance égale de route.

Par exemple les transports par la Garonne de Toulouse à Bordeaux qui comportent la même longueur du canal, coûtent $1^{fr.}$ (20 sols) dans les tems favorables; ils s'élèvent jusqu'à $1^{fr.}, 50$ (30 sols) lorsque les eaux sont basses. En remontant, le plus bas prix est de $1^{fr.},75$ à $2^{fr.}$ (35 à 40 sols) ; il s'élève quelquefois jusqu'à $3^{fr.}, 50$ (3 livres 10 sols). Les deux voyages réunis durent une vingtaine de jours, c'est-à-dire, le même tems qui est employé à parcourir la ligne du canal, en allant et en revenant : d'après les données ci-dessus, on peut évaluer le prix moyen du quintal par la Garonne à 2fr. (40 sols) qui est presque le double de celui qu'il coûte sur le canal du Midi.

§ III.

De l'ancienne Régie.

Les actes du gouvernement, depuis 1666, avaient pourvu à l'administration de la régie intérieure du canal du Midi, par l'institution de sept directeurs (ingénieurs particuliers) pour la conduite des travaux et des affaires, et de douze gardes pour veiller à la conservation des ouvrages et du bon ordre.

La jurisdiction étoit érigée en châtelainie assimilée aux amirautés et aux sénéchaux. Le canal était inspecté chaque année par un agent du gouvernement. Il l'était aussi par un agent de la ci-devant province, qui en rendait compte dans le plus grand détail à l'assemblée des états.

Cette tournée avait pour objet de s'assurer de l'exécution du bail consenti par les propriétaires, de veiller aux intérêts des riverains, et d'aviser aux moyens d'arranger les affaires contentieuses qui pouvaient survenir entr'eux et les propriétaires, à l'occasion des projets d'ouvrages relatifs à l'amélioration ou au complément ducanal.

L'organisation intérieure de la régie fut laissée aux soins intéressés de la famille adjudicataire.

Le personnel de cette organisation consistait :

Dans un directeur général (ingénieur en chef) pour les travaux et les affaires;

Un receveur général pour l'exploitation des revenus;

Un procureur fondé qui représentait les propriétaires dans tous les actes publics;

Et à diverses époques, dans un contrôleur général ou contrôleur ambulant, dont l'objet étoit de seconder les chefs par une surveillance active directe, et en quelque sorte journalière.

Il résultait de cette organisation une espèce de conseil d'administration auprès des propriétaires qui recevait leurs décisions, et les transmettait pour être exécutées, aux sept directeurs établis par l'édit de 1666.

Les directeurs avaient sous eux des contrôleurs, considérés comme élèves ou adjoints, pour les seconder journellement; ils prenaient en outre des contrôleurs extraordinaires pour les travaux pendant le chomage.

Les propriétaires établirent de plus dans chacune des sept divisions de la ligne navigable, et aux résidences de Toulouse, Castelnaudary, Foucaud près de Carcassonne, le Somail, Beziers et Agde, un bureau pour les expéditions, les recettes et les paiemens.

Chaque bureau était composé d'un receveur, d'un contrôleur et d'un visiteur.

Le receveur était en même tems payeur et l'économe des revenus.

Le contrôleur chargé d'assister le receveur dans son travail, était vérificateur des opérations du bureau. Il devait pendant la campagne, être présent aux réceptions des ouvrages, et surveiller les atteliers qui lui étaient confiés par le directeur.

Le visiteur vérifiait les chargemens et connaissemens; il secondait les premiers employés dans les opérations de l'intérieur du bureau, et servoit pendant le chomage au contrôle des travaux.

Les gardes établis par l'édit étaient répartis de manière qu'il y en avait toujours un de résidence auprès des bureaux.

Si l'on ajoute à tous ces employés autant de gardes particuliers qu'il y a de corps d'écluses, d'épanchoirs, reservoirs et autres ouvrages d'art, et de plus six gardes ambulans qui avaient été ajoutés aux douze établis par le premier édit, on aura la totalité du personnel de la régie du canal.

Tous les gardes et éclusiers, autres que les gardes créés par l'édit, étaient commissionnés par les directeurs et révocables par eux.

D'après cette organisation, le directeur réunissait dans chaque division la principale correspondance avec les chefs formant le conseil d'administration du canal, qui résidaient à Toulouse et y avaient leurs bureaux.

Régie particulière de la barque de poste.— Le fruit de l'économie des propriétaires, dirigé vers l'augmentation des revenus futurs, consistait dans le produit de la barque de poste, dans celui provenant de la culture des francs-bords et dans le fermage des usines.

Avant l'année 1766, ces objets livrés a une regie mal entendue étaient d'un très-faible rapport.

Les revenus de la barque de poste, qui à cette époque rendaient à peine 8400$^{fr.}$ affermés depuis aux sept directeurs, en représentation d'une partie de leurs honoraires, furent portés à 24000fr.

La régie de la barque de poste consiste dans l'entretien et la reconstruction de trente-six bateaux destinés au transport des voyageurs et de leurs effets, de Toulouse à Agde. Comme il y a 3 écluses simples et 22 multiples dans lesquelles on a jugé à propos de ne point passer, soit pour gagner du tems ou pour économiser l'eau, il avait fallu une quantité plus considérable de ces voitures.

Cette administration exigeait un certain nombre de chevaux, de postillons, de patrons pour les conduire, et d'employés pour percevoir les droits.

Il n'y avait que deux contrôleurs et deux receveurs ambulans attachés spécialement à cette régie; ils correspondaient avec le receveur général qui en était chargé particulièrement.

Le droit sur les hardes avait été depuis long-tems cédé aux patrons.

Les auberges du canal n'étaient d'aucun produit pour la régie.

A la fin de l'an 2, la régie de la barque de poste a cessé d'être au compte des directeurs; elle pourrait sans inconvénient être liée

liée aux autres parties de la régie du canal, et soumise au régime commun.

Le bien du service exigerait qu'on établît sur ces voitures une chaîne non interrompue de contrôleurs, qui seraient très-utiles pour la surveillance des différentes parties de la régie et le maintien de la police.

A la même époque de 1766, les francs-bords du canal qui avaient été cédés à vil prix, c'est-à-dire, pour 5600 fr. furent mis en régie économique. Après leur restauration parfaite, et pendant treize ans d'une pareille administration, les produits se trouvèrent élevés à 20000 francs.

Les moulins à bled acquirent aussi une plus forte valeur, soit d'une meilleure administration, soit de l'augmentation de prix du bled qui porta le produit des moulins à 24000 francs.

Exécution des travaux. — Dans le système de propriété d'un ouvrage public qui doit trouver en lui-même les ressources pour son entretien, l'économie ne consiste point à chercher à se procurer les meilleurs marchés pour l'exécution des ouvrages : mais à prodiguer les moyens qui peuvent assurer leur solidité et leur durée; à prévenir les accidens majeurs, et conséquemment les grandes dépenses par l'attention la plus suivie à l'entretien journalier ; et enfin à obtenir, autant que la bonne exécution le peut permettre, la célérité dans les travaux, sur-tout lors des accidens imprévus, afin de suspendre le moins de tems possible le mouvement productif de la navigation.

D'après ces principes, le mode d'adjudication au rabais était rejeté par l'ancienne administration. La régie fournissait les matériaux les plus importans à la solidité des ouvrages.

Elle avait à Castelnaudary un entrepôt de tous les bois nécessaires pour les constructions.

Les avantages reconnus de cet entrepôt avaient donné l'idée d'en former de pareils pour la pierre, à Trèbes et à Agde. Il eût résulté de cette disposition, à Trèbes, l'élargissement de la partie du canal où la voie d'eau est tracée dans le roc sur une trop petite largeur ; et à Agde, l'exploitation des carrières, dirigée d'après le projet intéressant de faire déboucher le canal dans la rade de Brescou.

Il existait pour la construction des travaux, un devis général instructif qui était imparfait ; il s'était trouvé changé presqu'en entier par les modifications qu'il avait subies.

Voici de quelle manière on avait procédé depuis, à la formation et à l'exécution des projets annuels.

Les projets de dépenses dressés par les ingénieurs particuliers, étaient décidés sur les lieux dans la tournée que l'ingénieur en chef faisait tous les ans, après l'ouverture de la navigation.

Ces projets étaient très-détaillés, et l'on y joignait les dessins suffisans pour les nouveaux ouvrages.

Après qu'ils avaient été vérifiés et rédigés par l'ingénieur en chef, les propriétaires les décidaient et arrêtaient les dépenses.

Les états, ainsi arrêtés pour l'année, revenaient six mois avant le chomage du canal à l'ingénieur en chef qui en délivrait des extraits certifiés aux sept ingénieurs particuliers.

Chaque ingénieur les détaillait à ses entrepreneurs et chefs d'atteliers, par des dessins et des instructions.

Un double de ces extraits et instructions était délivré aux contrôleurs des travaux.

Les fonctions de ces contrôleurs étaient de surveiller tous les détails de l'exécution, de faire peser et mesurer les matériaux et les effets fournis par la régie, et de tenir un journal de la main d'œuvre.

L'ingénieur particulier prenait un double de ces journaux et contrôles, et les vérifioit; il était, autant que possible, présent aux mesurages, et s'il y avait quelque atelier considérable, il y établissait sa résidence.

L'ingénieur particulier était autorisé à pourvoir sans délai aux réparations imprévues; il rédigeait tous les états de toises d'après ses propres notes et les journaux des contrôleurs, signés des entrepreneurs. Ces derniers, choisis par lui, étaient à ses ordres pour la solidité et la célérité à mettre dans l'exécution des ouvrages.

Les atteliers du canal étaient privilégiés sur tous les ouvrages publics pour se procurer les ouvriers nécessaires; et en cas d'urgence, pouvait requérir ceux employés chez les particuliers.

Les contrôleurs et les piqueurs étaient payés par honoraire fixe, et non à la journée.

L'ingénieur particulier étant regardé comme responsable du succès des ouvrages, avait le droit de choisir les entrepreneurs, les chefs d'atteliers, les piqueurs et les contrôleurs.

L'intérêt de famille étant devenu le principal véhicule de cette régie, le système d'hérédité s'étendait pour les emplois, jusqu'aux entrepreneurs et aux éclusiers.

Mode de paiement. — Toute dépense devait être préalablement autorisée, sauf le cas des accidens imprévus.

Aucun état de dépense ne pouvait être ordonnancé sans le certificat d'un contrôleur; et aucun ne pouvait être payé, sans le mandement ou l'ordonnance de l'ingénieur particulier.

Pour qu'une pièce comptable fût allouée, il fallait qu'elle fût revêtue du certificat d'un contrôleur des travaux, du mandement ou ordonnance de l'ingénieur, du vérifié d'un des employés du bureau de la recette, avec la quittance de la partie prenante; ou *le vû à payer* d'un contrôleur, d'un piqueur de l'attelier, ou de tout autre employé de la division, pour l'acquit des états de journées.

Ces formalités n'étaient point exigées pour les traités authentiques.

Le receveur était tenu de faire les paiemens individuellement et par lui-même.

Les à-comptes étaient acquittés sur l'ordonnance et la responsabilité de l'ingénieur directeur des travaux.

On rapportait les à-comptes sur l'état définitif.

Les entrepreneurs n'étaient soldés qu'après l'arrêté et la vérification du compte général de l'année.

La reddition de ce compte était accompagnée de dessins, de pièces justificatives et de tous les détails nécessaires. Il était envoyé à l'ingénieur en chef qui le vérifiait avec le plus grand soin. Lorsque les erreurs, s'il y en avait eu, étaient corrigées, on arrêtait les décomptes de chaque entrepreneur; on expédiait ensuite un mandement général ou ordonnance signée de l'ingénieur en chef, de l'ingénieur particulier et du contrôleur général, qui était soldée par le receveur de la division.

Les comptes de chaque division formaient les pièces justificatives de la dépense générale.

Chaque ingénieur particulier était obligé de joindre à son état général de l'année, un état de comparaison de la dépense projetée avec la dépense effective, article par article.

Perception des droits de navigation et des autres revenus. — Dans l'ancienne administration, comme dans la nouvelle, les nolissemens étaient libres. Le patron et la barque répondaient du paiement des droits du canal.

Le patron déclarait la marchandise au bureau de la recette; le visiteur sondait le chargement pour vérifier la déclaration; le receveur expédiait et donnait un passavant sans lequel on n'aurait point ouvert la première écluse.

Les garde-écluses retiraient les passavans, et les portaient tous les mois au bureau de la recette, où ils étaient comparés avec le nombre des expéditions qui avaient eu lieu.

Les chargemens ayant pu s'accroître ou diminuer en route, la vérification en était répétée à chaque bureau intermédiare; elle était renouvelée au dernier; et au plus tard dix jours après le déchargement des marchandises, le patron était tenu d'effectuer le paiement des droits du canal.

Les operations des bureaux se correspondaient et se vérifiaient mutuellement.

Ordre de la comptabilité. — Chaque mois, les receveurs particuliers envoyaient au bureau de la recette générale l'état des droits perçus et des revenus recouvres, la note des chargemens expédiés, et un état de situation de la caisse, qui devait s'accorder avec les états de recettes et de dépenses constatés par l'ingénieur particulier et le contrôleur.

D'après les états de situation de chaque caisse particulière, le receveur général ordonnait les mouvemens de fonds relatifs à l'état arrêté pour les dépenses.

Il résultait de ces dispositions que le service était toujours assuré, qu'il n'y avait point de stagnation de fonds inutile, et que la variété des recettes et des dépenses entre les divisions était régularisée par les versemens d'une caisse dans l'autre, suivant les besoins.

En résumant, nous verrons que les revenus éventuels du canal du Midi pourraient se porter à 110000 fr. savoir : les produits de la barque de poste à 40000 francs; les produits des francs-bords auxquels sont joints ceux des magasins construits depuis dix ans sur le port du canal à Toulouse ; la moitié de la propriété des moulins neufs à Beziers, quelques exploitations et émondages de plantations ; et enfin le revenu de la pêche ; le tout s'élevant à 40000 francs ; enfin les moulins situés sur le canal à Toulouse, Castanet, Naurouse, Castelnaudary et Trèbes, procurant un revenu net de 90000 francs.

Ces branches de revenu bien administrées,

pourraient fournir au traitement de tous les employés du canal du Midi, en l'augmentant même depuis le receveur particulier jusqu'au garde-écluse dont le salaire n'a pas varié depuis trente ans, et ne se trouve plus en proportion avec les prix des denrées et marchandises accrus d'un tiers au moins.

Les droits de navigation resteraient en leur entier; ils seraient alors d'un revenu de 600000 fr., après qu'on en aurait prélevé la dépense pour les travaux annuels : on trouvera à la fin du chapitre le tableau des revenus du canal, par séries de dix années depuis plus d'un siècle.

Les époques périodiques des grands transports par le canal du Midi sont aux approches de la foire de Beaucaire, qui commence vers le 4 thermidor (22 juillet) et dure huit jours; et vers le tems des deux foires de Bordeaux qui durent quinze jours chacune : la première commence le 25 vindémiaire (15 octobre), et la seconde, le 11 ventôse (1er mars).

Le transit des marchandises qui sont amenées de Bordeaux par la Garonne, consiste dans les bois et drogues de teinture, le poisson salé, les tabacs en feuille de Hollande, les cafés et les sucres d'Amérique dont le transport est nul aujourd'hui à cause de la guerre. Mais, à la paix, cette dernière branche de commerce prendra de l'extension dès qu'elle ne sera plus entravée par la douane de Valence qui obligeait ces marchandises à se détourner du canal, leur route naturelle, pour se rendre à Lyon et pays circonvoisins, par les montagnes de la ci-devant Auvergne.

Les grains qu'on embarque depuis Toulouse jusqu'à Carcassonne, sont les objets les plus considérables dont le transport ait lieu sur le canal du Midi; ils procurent les deux tiers de son revenu.

On exporte par Cette une grande quantité de vins et d'eau-de-vie que les Suédois, les Danois, les Hambourgeois et les Liguriens viennent charger pour leur pays, ou pour la Russie, la Prusse et les villes Anséatiques.

Les principaux objets d'importation consistent annuellement en huiles d'olive de toute qualité venant de la Ligurie; en cordailles d'herbe, en liége, bouchons, bois à futaille et à teinture que les Espagnols portent en France, et en savons de Marseille et autres marchandises comme drogueries, épiceries, etc., venant du Levant. Depuis que le sel est devenu marchandise, la consommation de cette denrée est doublée, et le produit des transports par le canal s'est accru d'autant.

C'est sur-tout par le port d'Agde qu'on envoie dans les départemens des Bouches-du-Rhône, des Alpes-Maritimes, du Mont-Blanc, les sucres, cafés, bois à teinture et autres objets de l'Amérique, venus de Bordeaux par le canal du Midi. On expédie aussi par le même point toutes les subsistances en grains, vins et eaux-de-vie, soit pour les commerçans des départemens ci-dessus, soit pour la Ligurie; ainsi que les munitions de terre et de mer nécessaires aux armées de la république et de ses alliés.

Le seul article des grains partis d'Agde pendant sept mois, à compter de celui de brumaire an 8, se porte à 2000000 de myriagrammes (400000 quintaux).

La majeure partie des marchandises qui entrent par le port d'Agde, consistent en huiles et savons de Gênes et de la ci-devant Provence; en productions du Levant, en vins d'Espagne, en fruits et en matières premières, comme laines, cotons, etc., pour les fabriques des départemens méridionaux.

On fait entrer et sortir par le port de la Nouvelle, les mêmes espèces de marchandises qui entrent et sortent par les ports d'Agde et de Cette.

§ IV.

Des changemens effectués à la Régie du canal du Midi par la loi du 21 vindémiaire an 5, et l'arrêté du directoire exécutif du 9 brumaire an 6.

Nous avons déjà vu que la loi du 21 vindémiaire an 5 a établi en principe, que les grands canaux de navigation font essentiellement partie du domaine public. En créant pour le canal du Midi un conservateur, un ingénieur en chef, sept ingénieurs et des gardes en nombre suffisant, mais indéterminé, la loi du 21 vindémiaire semble avoir voulu conserver, dans le même esprit, les élémens de l'administration du canal que l'édit de 1666 avait constituée.

Cette loi a confirmé la liberté du nolissement, augmenté les droits du canal, et elle ne porte aucun oblacle au système d'une adjudication à perpétuité de son entretien.

L'arrêté du gouvernement du 9 brumaire an 6, d'après les considérations les plus frappantes et les mieux développées, détermine en faveur de la régie la préférence qui lui est due sur toute espèce de ferme : il reste à déterminer quel est le meilleur mode de régie.

La régie propriétaire réunissait de grands avantages. Le principal de ces avantages, dans le sens de l'édit de 1666, était la garantie des fonds destinés à l'entretien du canal exclusivement à toute autre destination. Ce qui en revenait aux propriétaires n'était que le profit légitime d'une régie économique, et le bénéfice d'une entreprise qui n'avait été calculée que sur la prospérité future d'un commerce qui n'existait pas, et que peu de têtes osèrent à cette époque concevoir comme probable.

La construction du canal du Midi fut regardée comme problématique, même par la plupart des gens du métier. On voit dans le recueil des séances des états-généraux du Languedoc, des discours en réponse aux demandes des commissaires du gouvernement, où l'on exprime des doutes sur le succès de cette entreprise, et où l'on fait considérer la prévention générale établie dans tous les esprits, comme une raison suffisante pour suspendre les travaux, et cesser de jeter au hasard les fonds de la province.

La régie propriétaire rétablirait en quelque sorte les fiefs, et une régie à terme rentre dans le système du fermage qui doit être proscrit; il faut donc une administration qui se rapproche de la forme de la régie propriétaire pour la surveillance, l'entretien et l'amélioration du canal, et qui conserve au gouvernement toute son action sur ses produits; parce que le gouvernement doit connaître et pouvoir régler à son gré, suivant le besoin des circonstances, l'emploi des différentes perceptions qui composent le revenu de l'état.

Il est essentiel cependant que les fonds pour un pareil ouvrage soient constamment assurés, et cela devient indispensable pour le maintien de la navigation et pour l'économie.

Les nouvelles relations de la régie du canal divisent son action et ralentissent ses mouvemens. Elle dépend, sous le rapport des travaux, du ministre de l'intérieur par l'intermédiaire de l'administration des ponts et chaussées; sous le rapport des finances, du ministre des finances par celui de la régie-nationale: la jurisdiction qui réunissait la police et le contentieux, est remplacée par les administrations départementales et municipales, ainsi que par les justices de paix et de police correctionnelle.

Il est certain que dans l'état actuel des choses, les affaires ne peuvent, en général, prendre cette direction prompte et rapide d'une administration qui avait le principe de son mouvement en elle même, et qu'il en résulte quelques inconvéniens.

Les arrêtés de projets, par exemple, étant retardés, les ouvrages deviennent plus chers à défaut de l'économie qui se trouve à faire les approvisionnemens et les travaux préparatoires dans la saison où il y a le moins de concurrence.

L'exécution des travaux serait déjà soumise au mode usité des adjudications au rabais, si en conservant l'esprit de l'ancienne régie, on n'eût maintenu l'approvisionnement et le choix des matériaux, la tradition des moyens éprouvés, les attentions minutieuses auxquelles tient singulièrement le succès des réparations et des constructions, et enfin la prompte exécution des travaux pour diminuer le tems du chomage, célérité à laquelle un nouvel entrepreneur ne veut souvent pas se plier.

La régie propriétaire s'attachait principalement à connaître les détails d'exécution;

celle-ci paraît ne vouloir considérer avec attention que les détails des projets.

L'arrêté du 9 brumaire porte *qu'au premier vindémiaire de chaque année, le compte général de la recette et de la dépense, pendant l'année précédente, sera réglé et arrêté.* Or, à cette époque, il y a toujours beaucoup de travaux à achever; ils ne se terminent même qu'un mois ou deux après, et il faut nécessairement que les mesurages et les états métriques soient ou partiels ou anticipés sur la clôture des atteliers. Le mode scrupuleux de reddition de comptes de l'ancienne régie, ne permettait de les arrêter qu'à la fin de mars (commencement de germinal).

Sans doute que l'époque du premier vindémiaire coïncide avec l'ordre général des affaires; mais il n'est pas possible de contrarier l'ordre constant de la nature qui a réglé le tems des travaux du dehors et de leur cessation; ni même celui de la navigation du canal, dont on a déterminé le chomage dans l'intervalle tout à la fois le moins préjudiciable au commerce, et le plus favorable aux travaux pour éviter leur concours avec ceux de l'agriculture.

On a aliéné du fond du canal du Midi, des terres qui avaient été acquises sur les bords

bords des rivières et à la proximité du canal, quoique hors de ses limites, soit pour y attacher des ouvrages de défense contre l'approche des crues et des eaux ordinaires, soit pour fortifier les digues du canal, ou pour diriger le cours de ses eaux dans les parties navigables.

On a aussi négligé les plantations, tandis qu'il eût été du plus grand intérêt de les diriger vers l'objet utile des constructions, en choisissant de préférence les chênes et les sapins, au lieu des frênes, des saules et des peupliers qui forment les plantations actuelles; ces plantations se portent a plus de cent mille pieds d'arbres de la plus belle venue.

Il n'y a plus ni châtellenie ni jurisdiction spéciale pour le canal du Midi; toutes les anciennes ordonnances sont comme abrogées. La faiblesse des moyens de répression qui ont été substitués aux anciens paraissent laisser la police et les affaires contentieuses dans une stagnation nuisible à la conservation des plantations des digues, et autres ouvrages, ainsi qu'au bon ordre de la navigation.

Dans l'ancienne régie, certaines parties de l'entretien du canal, telles que les rigoles d'entrée et de sortie des aqueducs au delà des francs-bords, étaient à la charge de la province, et exécutées par les communes qui en étaient graduellement déchargées. Aujourd'hui ces parties sont négligées, et il serait juste de les comprendre dans l'entretien général du canal.

Quelque système de régie qui fût adopté, il serait important de fixer les attributions des sept ingénieurs particuliers créés par l'édit de 1666 confirmé par la loi du 21 vindémiaire. Dans l'esprit de l'une et l'autre loi, ces ingénieurs doivent être considérés comme les conservateurs de la chose publique dans leurs divisions respectives ; ils seraient les chefs de chaque conseil particulier de division : ces conseils deviennent nécessaires, ou du moins utiles pour éclairer les intérêts de la régie dans toutes les affaires.

Les branches de revenu du canal paient la contribution foncière sur les moulins et magasins regardés comme usines, sur les francs-bords, et sur la voie d'eau.

Les usines et les francs-bords, considérés comme fonds d'héritage, peuvent, à raison de leur produit, payer la contribution foncière ; mais je ne pense pas qu'il en doive être de même pour la voie d'eau.

La destination des canaux navigables déclarés nationaux, étant de faire le même service public que la voie des routes de terre et de rivières, pourquoi soumettrait-on les premiers à des charges qu'on n'impose point aux deux autres ?

La contribution sur la voie d'eau est en outre imposée d'une maniere inégale comme on va le prouver.

Les départemens du Tarn, de la Haute-Garonne, de l'Aude et de l'Hérault, ont sur la ligne navigable, le premier trois municipalités, le second 18, le troisième 51, le quatrième 14. L'étendue de cette ligne dans ces départemens, est de 14163m., 908 (7271 toises) pour le premier; de 81843m., 272 (42014 toises) pour le second; de 165456m.,520 (86990 toises) pour le troisième, et de 69969m., 692 (35929 toises) pour le quatrième. Le principal de la contribution de la voie d'eau seulement, en la supposant d'un revenu net de 500000fr., serait pour le département du Tarn de 4222fr.; pour celui de la Haute-Garonne, de 24398fr.; pour celui de l'Aude, de 50516fr.; et pour celui l'Hérault, de 20864 francs.

On voit que le canal, ses bassins et rigoles ont une étendue de 331433m.,392; que le département de la Haute-Garonne, par exemple, en occupe 81843$^{m.}$, 372 (42104 toises); qu'à supposer les droits de navigation d'un revenu net de 500 mille francs, la cote-part de contribution de ce département serait de 24398 francs, tandis que pour cette partie seule d'administration, elle a été établie de 115000 francs dans l'an 5, et de 109000 francs dans l'an 6.

TABLEAU PROGRESSIF
DES RECETTES, DEPENSES, ET DU PRODUIT NET DU CANAL DU MIDI PENDANT 106 ANNÉES,
Depuis 1686 jusqu'en 1791 (1).

SERIES de 10 en 10 années pour les 100 premières, et SÉRIE pour les 6 dernières années.	RECETTES.	DÉPENSES.	PRODUIT net des Séries.	PRODUIT net de l'année commune de chaque Série.
	francs. cent.	francs. cent.	francs. cent.	francs cent.
De 1686 à 1695	1812749,90	906502,81	906247,09	90624,70
De 1696 à 1705	3323591,38	1124484,96	2199106,42	219910,64
De 1706 à 1715	4931950,50	1853943,94	3078006,56	307800,65
De 1716 à 1725	4004570,61	1494180,95	2510389,66	251038,96
De 1726 à 1735	4017991,61	1795970,83	2222020,78	222202,07
De 1736 à 1745	4156966,27	1928875,87	2228090,40	222809,04
De 1746 à 1755	6280274,20	3016004,88	3264269,32	326426,93
De 1756 à 1765	6697109,67	2614479,71	4082629,96	408262,99
De 1766 à 1775	7623986,22	3879540,29	3744445,93	374444,59
De 1776 à 1785	9881346,56	4385884,65	5495461,91	549546,19
SÉRIE des 6 dernières années.				
De 1786 à 1791	4724545,07	2670571,92	2053973,15	342328,85
TOTAUX pendant les 106 années.......	57455081,99	25670440,81	31784641,18	

(1) On s'est arrêté à l'année 1791, époque où le papier monnaie étoit e circulation, parce que la variation de valeur de ce papier monnaie ne permettai pas d'asseoir les calculs sur une base certaine.

CHAPITRE VII.

Discussion sur le véritable auteur du projet et de la construction du canal du Midi.

Les hommes qui se sont rendus vraiment utiles par leurs travaux ou par leurs découvertes, méritent que leurs noms soient dérobés à la nuit de l'oubli. Si leurs descendans n'en retirent d'autre avantage que celui de compter un homme de génie parmi leurs ayeux, ce sentiment flatteur produit du moins dans leur ame cette noble et vertueuse émulation qui nous attache plus fortement à nos devoirs, et nous rend des citoyens dignes de la patrie.

C'est le desir de se survivre, si puissant sur les ames fortes et sur ceux que la Nature a doués de génie, qui produit les grandes actions, les belles découvertes, et qui enfante ces projets dont l'exécution à la fois utile et glorieuse, fait l'admiration de tous les âges.

Parmi les créations de ce genre, la France voit avec orgueil son canal du Midi. Les savans de l'Europe le mettent, depuis un siècle, au premier rang des ouvrages que la sagesse des gouvernemens a dirigés vers le bien des peuples, et qui honorent le plus leurs auteurs. Il n'appartenait qu'au génie de concevoir un pareil projet, et de surmonter les obstacles qu'opposait à son exécution, la nature qu'il fallut sans cesse combattre, et l'ignorance et l'envie qui cherchent à étouffer tous les projets utiles.

L'inventeur du canal du Midi devait sans doute jouir de la gloire, ce prix flatteur dont l'opinion des hommes récompense les grandes et utiles conceptions; cependant à peine l'histoire nous transmet-elle son nom! on ne le trouve que dans les ouvrages de ce petit nombre d'écrivains qui, sans prévention comme sans intérêt, n'écoutent que la voix de leur conscience, et désignent à la reconnaissance publique l'homme de mérite méconnu.

François Andreossy, l'ingénieur de ce grand ouvrage, s'en vit enlever la gloire par Paul Riquet qui en avait été l'entrepreneur; et le crédit obtint les honneurs et les récompenses auxquels le génie seul avait droit de prétendre.

Forts des témoignages nombreux qui déposent en faveur de F. Andreossy, il nous paraît juste de le réintégrer dans ses droits, et de lui rendre l'hommage pur que nous avons recueilli auprès de ces vieillards qui, nés dans la province, ont, pour ainsi dire, été les contemporains de la construction du canal; leur bouche, amie de la vérité, se plaît à redire des faits qu'ils avaient appris dans leur jeune âge.

François Andreossy, né à Paris le 10 juin 1633, vint dans un tems où la saine philosophie portait les plus rudes coups à l'ignorance et aux préjugés, et où l'étude des connaissances exactes était préférée aux chimères du péripatétisme. La physique naissait, et les génies de Bacon, de Galilée et de Descartes préparaient la grande révolution qui amena le fameux siècle de Louis XIV. Les mathématiques n'étaient plus en discrédit; on commençait au contraire à les cultiver avec succès; plusieurs nations comptaient à la fois des géomètres qui faisaient des découvertes intéressantes; et deux français, Descartes et Fermat, jetaient les fondemens de cette sublime analyse, qui est devenue depuis si féconde entre les mains de plusieurs illustres mathématiciens.

Une telle disposition dans les esprits du

premier ordre, devait nécessairement influer sur les autres, et donner une grande activité et un grand intérêt à l'étude des mathématiques. F. Andreossy dans une capitale qui pouvait être appelée déjà celle du monde savant, y trouva toutes les ressources pour son éducation. Son génie le portant à la connaissance des sciences abstraites, il se livra aux mathématiques avec cette ardeur qui décèle toujours l'objet pour lequel nous sommes nés : ses progrès furent très-rapides ; sa réputation d'habile mathématicien et de profond mécanicien nous est parvenue, et l'ouvrage auquel il a eu tant de part, en confirmant ces titres, lui assure également celui d'homme de génie.

Nous ne pouvons point entrer dans d'autres détails sur la jeunesse de F. Andreossy ; nous savons seulement par un témoignage respectable qui subsiste encore (1), qu'en 1656 il habitait le Languedoc. Ce témoignage dépose en outre, combien dans un âge encore tendre, le sentiment de l'amitié eut des charmes pour lui ; et à quel point il excita dans trois jeunes gens une

(1) Un acte d'amitié entre trois jeunes gens.

sorte d'enthousiasme bien digne du siècle qui produisit tant de vertus!

Le 25 mai 1660, c'est-à-dire, à l'âge de 27 ans, F. Andreossy partit de Narbonne pour aller en Italie (1). Il en parcourut plusieurs provinces; mais il ne pénétra point dans la partie méridionale qui lui offrait peu de ressources pour les objets qu'il avait à considérer. Il est certain qu'il voyagea dans ces contrées afin d'y perfectionner les connaissances qu'il avait acquises en hydraulique, ou pour y en puiser de nouvelles; et l'on sait que l'Italie était le pays le plus propre à remplir ses vues.

Du moment où les beaux arts transfuges de l'Egypte et de la Grèce, eurent été accueillis et fixés en Italie, l'heureux génie du peuple qui habitait cette belle contrée, ne cessa d'étendre son influence sur les objets d'utilité, comme sur ceux d'agrément; et dans un pays où l'on a toujours à lutter contre les eaux, la science de l'hydraulique aidée de la théorie et de l'expérience, dut

(1) Il nous reste l'itinéraire de son voyage écrit de sa propre main, sous ce titre: *Route de mon voyage d'Italie.*

à l'époque du renouvellement de la géométrie, abandonner des pratiques incertaines ou erronées, pour s'asseoir sur des bases solides. Lorsque les lumières sur cette partie eurent fait quelques progrès, les eaux vives furent rassemblées, distribuées avec art et réglées avec économie. Dès lors les canaux de navigation, en ouvrant des communications peu dispendieuses, et indépendantes des contrariétés des saisons, donnèrent une nouvelle vie au commerce, et les canaux d'arrosage procurèrent aux campagnes la plus grande fertilité.

Riche des lumières qu'il venait d'acquérir, et des matériaux qu'il avait rassemblés, F. Andreossy, de retour la même année, fait goûter son projet à Riquet, et celui-ci au ministre Colbert. Mais pour pouvoir le faire agréer à Louis XIV, le ministre exige que le chevalier de Clerville, commissaire général des fortifications, et qui jouissait d'un grand crédit à la cour, présente le devis et démontre l'utilité du canal. Il est rare que les hommes portés à ces places éminentes qui appellent la confiance exclusive d'un gouvernement, se dépouillent assez de leur amour propre pour faire valoir des idées et des projets qui ne leur appartiennent pas, et dont par leur position, ils seraient censés devoir être les créateurs. Clerville se rend en Languedoc, voit F. Andreossy, et parcourt avec lui tous les endroits par où le canal devait passer. Celui-ci avec cette confiance que donne la jeunesse, dévoile son projet; Clerville en demande une copie, et l'engage à s'occuper du devis de la dépense. Ses travaux terminés en 1664, sont confiés l'année d'après au commissaire général, et lui servent à former son premier devis, de 1666, qu'il présente au roi, sans faire mention ni de l'auteur du projet, ni de M. de Riquet.

Il s'établit alors une défiance et une lutte entre le génie qui veut conserver le mérite de son idée, et l'intrigue puissante qui cherche à le lui enlever.

Forcé de ménager un homme en crédit, et appercevant d'ailleurs quelques difficultés dans l'exécution de son plan, à cause des deux rivières de Lers et de Fresquel dont il voulait se servir, F. Andreossy abandonne sans peine ce premier travail au commissaire général. Il s'occupe d'un projet plus vaste, dont la conception simple et conforme aux meilleurs principes, a donné à son ouvrage cette pureté de tracé qui serait encore à présent à l'abri de toute critique, si Riquet n'avait desiré de faire passer le canal à Beziers ou le hazard l'avait fait naître (1).

Cependant Colbert insistait toujours pour que tous les devis du canal fussent faits et présentés par le chevalier de Clerville. F. Andreossy devait craindre qu'en remettant son nouveau projet, il n'eût le sort du premier, s'il était renvoyé au commissaire général pour en dire son avis : « Je fus convaincu, dit-il, dès ce moment, » que toute la gloire de mon travail, en le » mettant au jour, serait réservée au commissaire général, que l'entrepreneur en » aurait tout le profit, et qu'il ne me resterait » pour mon lot que la peine de l'exécution, » après en avoir démontré le premier la » possibilité (2) » Fort de ces moyens, et moins confiant sans doute en ceux du chevalier de Clerville, il ne voit d'autre ressource que d'entrer en lice avec lui : semblable à ce célèbre statuaire qui se plut à mutiler un de ses plus beaux ouvrages afin de pouvoir s'en déclarer ensuite l'au-

(1) Voyez chapitre III, § V.

(2) Notes et pièces justificatives, n° 1.

teur (1); F. Andreossy morcèle son projet, ne fait connaître que la première partie, et laisse la seconde, comme il le dit lui même, *à la prudence et au savoir du chevalier de Clerville* (2). Le commissaire général livré à ses propres forces, après avoir parcouru le terrain, présente un projet depuis Trebes jusqu'à la mer, dans lequel le canal devait traverser deux fois la rivière d'Aude; projet mal concu, au souvenir duquel on consacra une médaille, et qui annonce que cet ingénieur n'avait pas les premiers principes de l'art des canaux navigables !

---

(1) Michel-Ange égala les anciens : pour s'assurer du dégré de mérite où il était parvenu, et que ses contemporains lui contestaient, il fit une statue de l'Amour; il lui cassa un bras, et enterra secrettement le reste du corps, dans un endroit qu'il savait qu'on devait bientôt fouiller à Rome pour y chercher des statues antiques. La figure fut trouvée; on l'admira et on la déclara antique. Comme telle, le cardinal de Saint-George l'acheta à un très-grand prix. Michel-Ange rapporta alors le bras mutilé; il jeta tous les connaisseurs dans l'étonnement, et ses envieux dans la confusion.

Vasari dans la vie des Peintres, tome II. *Vita di Michel-Angiolo Buonarotti.*

(2) Notes et pièces justificatives, n° 1.

Riquet qui desirait avoir l'entreprise de cette seconde partie, et qui, dans cet intervalle, s'était vraisemblablement fait des partisans au conseil du roi, accepta les clauses contenues au devis du chevalier de Clerville, avec la condition expresse de pouvoir changer la route du canal, pendant son exécution, s'il le jugeoit nécessaire; ce qui fut accordé. Le projet du chevalier de Clerville tomba de lui-même, et celui de F. Andreossy suivi presque en entier, fait encore aujourd'hui l'admiration de l'Europe.

Au sortir de cette lutte, tout promettait à Riquet le plus heureux succès dans un ouvrage qu'on croit que les Romains avaient eu le projet d'exécuter; mais ce plan hardi, quoique formé par un peuple accoutumé à de grandes choses, demandait pour son exécution, un siècle plus éclairé : la science de l'hydraulique n'avait point encore fait assez de progrès. Il est certain qu'on y pensa du tems de Charlemagne; mais on s'en occupa plus particulièrement sous les règnes de François Ier, de Henri IV et de Louis XIII : il était réservé au siècle de Louis XIV de le voir entreprendre, *et c'est*, lit-on dans l'Encyclopédie, *ce que M. Riquet osa faire sur les plans et sur les mémoires de M. Andreossy, profond mecanicien, son ami* (1).

Le desir si naturel de se distinguer dans un âge ou l'on songe ordinairement à sa fortune et à sa gloire, donna l'idée à F. Andreossy de joindre les deux mers par le canal de Languedoc, et de proposer à Riquet d'en devenir l'entrepreneur On voit tous les jours des gens a talent suggérer ainsi des projets à des personnes qui par leur crédit ou leur fortune, parviennent à les faire adopter et à s'en approprier la gloire. F. Andreossy fût resté du petit nombre de ceux que leur modestie et leur désintéressement dérobent à la reconnaissance de la postérité, si le tems qui met un sceau a toutes les réputations, n'avait pris quelque soin de la sienne. Nous eussions ignoré que, sans lui, Riquet qui n'etait point un homme de l'art, n'aurait jamais pensé à joindre les deux mers par le canal du Midi, et que la France desirerait peut-être encore les avantages que lui procure, depuis plus d'un siècle, ce magnifique ouvrage.

Ecoutons ce qui est dit au sujet du canal du Midi, dans une production dont le titre

(1) Encyclopédie, article *Languedoc*.

paraît futile (1), mais qui contient un hommage précieux rendu à la vérité, en dévoilant avec le ton et les détails que donnent la certitude, un fait dont nous avons déjà rendu compte, et que des ouvrages plus sérieux n'ont fait qu'indiquer.

« Quoique les Romains eussent pensé à » joindre la Méditerranée avec l'Océan, soit » qu'ils y trouvassent de grands obstacles, » ou qu'ils n'eussent point des ingénieurs » capables de les surmonter, leur dessein » n'avait pas été mis en exécution. Un » Italien (2) de grand génie, passant par » Toulouse, vers le milieu du règne de » Louis XIV, y vit M. Riquet; il l'entretint » de la jonction des deux mers; comme » d'une entreprise dont l'issue n'était pas si » difficile qu'on se l'imaginait, et il l'assura » que s'il pouvait compter sur une certaine » somme, il en viendrait à bout.

» M. Riquet qui était en état de la fournir, si le roi le faisait payer des avances » qu'il avait faites pour la subsistance d'une » assez grosse armée de ce monarque en

(1) Amusemens des Dames, tome I, page 152.

(2) F. Andreossy était né à Paris; son père était de Lucques.

» Catalogne,

» Catalogne, jugea le projet digne de son » attention. Il le saisit même comme un » moyen à lui faciliter le paiement de ce » qui lui était dû. Le devis en fut fait avec » beaucoup d'exactitude; on en présenta le » projet au roi qui, après l'avoir sérieuse- » ment examiné, le trouva de son goût, et » l'entrepreneur offrant d'en faire les frais, » on lui en accorda l'agrément avec plaisir.

» Le roi contracta donc avec M. Riquet » qui paraissait seul dans cette affaire....

» Riquet retourna à Toulouse plein de » confiance en son ingénieur italien qui » ne lui donna pas lieu de se repentir de » l'avoir écouté. Ils mirent donc la main à » l'œuvre.....»

Riquet mourut au mois d'octobre 1680, avant que le canal fût achevé; son coopérateur conduisit l'ouvrage à son entière perfection, et en dirigea les travaux annuels jusqu'au moment où il paya lui-même le tribut à la nature. Il était à peine au milieu de sa carrière lorsqu'il vit arriver sa fin à Castelnaudary, le 3 juin 1688. Il paraît d'après quelques notes manuscrites qui nous sont parvenues, que le chagrin avanca le terme de ses jours. Riquet était mort en 1680: la reconnaissance de sa famille pour l'auteur d'un ouvrage qui la comblait tout d'un coup de richesses et de considération, devenait un fardeau trop pesant pour elle; il fallut se dissimuler qu'on dût à un étranger de si grands avantages : F. Andreossy réduit insensiblement à l'oubli, ne put voir avec indifférence disparaître le fantôme de sa renommée, et le fruit de trente ans de travaux.

Dans le siècle dernier, F. Andreossy dédia à Louis XIV le plan qu'il avait tracé du canal de Languedoc. L'épître adressée à ce monarque, et qui est gravée sur cette carte (1), finit par un endroit remarquable, et prouve la part qu'il avait prise à l'exécution de cet ouvrage : il est des momens ou les hommes de génie ne peuvent se dissimuler leurs avantages et les taire aux autres. Voici ce qu'il dit :

« V. M. me permettra, s'il lui plaît, que » pour gage de mon zèle et de ma fidélité » en mon particulier, je mette à ses pieds » le plan que j'ai tracé de ce prodigieux » ouvrage, comme ayant eu l'honneur d'y » être employé pendant tout ce travail; afin

(1) Voyez la note 4, aux notes et pièces justificatives.

» que s'il a quelque rapport à la sublimité » de ses idées, et le bonheur de lui agreer, » je puisse me vanter d'être le plus satisfait » de tous les hommes ».

Ce passage n'a pas besoin de commentaire; on sent que s'il n'avait point concu et fourni les idees relatives à la construction du canal du Midi, le rapport que ce plan pouvait avoir à la sublimité du génie de Louis XIV, ne devait point le flatter, puisque dans ce cas, il n'y aurait eu aucune part, et qu'il aurait cherché à usurper la gloire qui ne lui était point due; reproche dont le peu de soin qu'il prit de sa fortune le met a l'abri.

L'époque de la publication de cette carte prouve que Riquet lui-même reconnut les droits que son coopérateur avait au titre glorieux d'auteur du canal; elle parut en 1669, onze ans avant la mort de Riquet; et ce dernier confirma par son silence, tous les droits d'un homme qui se donnait aussi publiquement pour le véritable createur de cette grande idée. F. Andreossy y a peint d'un seul trait, et d'une manière philosophique, les difficultés sans nombre que présenta son exécution : *On éprouva*, dit-il, *de grands obstacles, tant de la part des hommes à qui*, *presque tous, on ne fait du bien que malgré eux, que de la part de la nature qu'il fallut toujours vaincre et toujours forcer* (1).

Un fait qui vient encore à l'appui des droits reconnus de F. Andreossy, c'est qu'il a existé de lui un ouvrage manuscrit considérable (2), où l'on voyait réuni tout ce qui était relatif au projet et à la construction du canal dont il avait dirigé l'ensemble et les détails. Quels regrets qu'un pareil ouvrage ne soit pas connu, lorsqu'on songe qu'on retrouve, dans un fragment (3) qui nous reste de F. Andreossy, un écrivain aussi naïf qu'ingénieux ! Il se montre également supérieur, soit qu'il juge les passions des hommes, ou qu'il envisage les différentes parties de son travail. On y voit un homme à grands talens, créateur d'un beau projet, luttant contre les prétentions et la mauvaise foi, prévoir qu'il sera la dupe de l'intrigue et de l'intérêt, et conduire à sa perfection, avec autant de courage d'esprit que d'intelligence, cette création de son génie dont

(1) F. Andreossy, légende de la carte de 1669.

(2) Notes et pièces justificatives, n° 5.

(3) Voyez ce fragment aux notes et pièces justificatives, n° 1.

l'idée ne peut le quitter. Telle est à peu pres l'histoire de toutes les entreprises considérables; celui qui a le plus fait pour en assurer le succès, est presque toujours celui qui en obtient le moins la récompense.

F. Andreossy était né en 1633, et on arrêta le projet du canal en 1664; c'est donc à peu près à l'âge de trente ans qu'il donna les plans et les mémoires, et qu'il suivit la construction d'un ouvrage (1) qui, comme il l'a très-bien dit, *avait été le souhait des siècles passés, et sera l'étonnement des siècles futurs* (2). C'était sur un jeune homme de trente ans que Riquet se reposait de sa gloire et de sa fortune. C'était à lui qu'il avait remis, pour ainsi dire, le soin de répondre aux grandes vues d'un souverain dont l'ame élevée aimait à entreprendre les

---

(1) Suivant une note tirée des archives du canal à Toulouse, et communiquée par une lettre du 20 septembre 1785, F. Andreossy fut inspecteur général des travaux du canal pendant sa construction.

On voit par l'extrait d'un des registres de l'église de Saint-Sébastien à Narbonne, du 6 juin 1669, que F. Andreossy prenait le titre de directeur général du canal.

(2) F. Andreossy, épître à Louis XIV, carte de 1669.

choses les plus extraordinaires. Mais les talens d'Andreossy étaient connus à Riquet, et l'entière confiance qu'il sut mettre dans un pareil collègue est un trait de plus qui l'honore. Les suites prouvèrent qu'il ne s'était point trompé ; elles prouvèrent aussi que s'il ne faut qu'être hardi pour entreprendre, il faut pour exécuter, des lumières sûres dirigées par la théorie, et des ressources pour parer aux évènemens et aux cas imprévus ; c'est alors que le génie se montre à découvert. Riquet, comme il a été dit plus haut, rencontra des obstacles sans nombre qui lui auraient fait abandonner mille fois l'entreprise ; mais les talens d'Andreossy firent triompher Riquet de tous ces obstacles ; ils assurèrent à celui-ci et à ses descendans la fortune et les honneurs.

Si le suffrage des étrangers n'est pas aussi doux que celui de ses compatriotes, il est quelquefois plus flatteur parce qu'il est presque toujours dicté par la justice, et que la prévention n'y a aucune part. Un Anglais ayant visité le canal de Languedoc, et se trouvant au réservoir de Saint-Ferriol, témoigna sa surprise de n'y avoir vu en aucun endroit la statue d'Andreossy : « Les descendans

» de Riquet, ajouta-t-il, auraient dû la lui » faire ériger, et cette générosité les aurait » autant illustrés que l'ouvrage même ». L'opinion de Vauban est aussi trop flatteuse pour la passer sous silence. Cet homme immortel à tant de titres, et le plus grand ingénieur de son siecle, fut frappé d'admiration en parcourant le canal de Languedoc, dont il était chargé de faire la visite par ordre du roi (en 1686); et il ne put s'empêcher de dire hautement : « qu'il avait été surpris » de n'y pas voir les statues de MM Riquet » et Andreossy, auteurs de cette grande en- » treprise ». Ce fait qu'on avait altéré a été rétabli dans ce monument littéraire qui honore le siecle et la nation qui l'ont produit (1).

A un témoignage aussi glorieux, nous pourrions joindre ceux de plusieurs écrivains étrangers et nationaux. Les Zendrini, les Frisi, célèbres mathématiciens d'Italie, en citant le canal de Languedoc, comme un ouvrage qui prouve jusqu'à quel point s'est élevé l'esprit humain dans la conduite

---

(1) L'Encyclopéd. méthod. Voyez l'art militaire premiere partie, au mot *canal*.

et la manœuvre des eaux, ne balancent. point à en attribuer la gloire à Francois Andreossy. Ces deux savans que l'Europe compte au nombre des juges les plus éclaires en cette matière, regardent le canal de Languedoc, tout à la fois comme le chef-d'œuvre du génie et de l'art. Frisi sur-tout, en relevant de prétendus défauts de construction, adoucit sa critique en disant : que l'ouvrage conçu par F. Andreossy avait été dirigé par Riquet; mais que ce dernier n'avait pas les lumières suffisantes pour une pareille entreprise. Ces auteurs etaient bien loin de penser qu'on pût, sans des connaissences très-étendues, venir à bout d'un si grand projet. Croira-t-on, d'après cela, que dans un ouvrage qui porte le titre d'Histoire du canal de Languedoc, l'auteur qui se dit lui-même étranger à cette matière, ait blessé tout à la fois la vérité et la vraisemblance, en voulant persuader que Riquet, sans théorie et sans secours étrangers, ne devait qu'à son génie l'idée et l'exécution de ce canal, et que F. Andreossy n'y aurait point participé ? Nous ne pourrions souscrire à un pareil jugement sans discuter les raisons qu'on en donne. Le résultat de cet examen, fait de bonne foi, nous convaincra que ce jugement est l'effet d'une erreur assez commune, qui persuade à ceux qui se mêlent de distribuer la gloire sans en vérifier les titres, qu'il convient mieux de l'allier à l'éclat du rang et de la fortune, que de la faire descendre sur la tête modeste et ignorée de l'homme de mérite.

Lorsqu'un panégyriste ne peut rendre compte de l'emploi d'une longue carrière, pendant laquelle son héros a été ignoré, sa ressource est de supposer qu'il a toujours été occupé secrettement de l'ouvrage qui l'a rendu célèbre dans la suite. Riquet avait 60 ans lorsqu'on lui confia l'entreprise du canal du Midi. Jusqu'à cette époque, il ne s'était jamais douté des principes et des connaissances nécessaires pour l'exécution d'un pareil ouvrage, quoique, suivant le texte de l'auteur : « M. Riquet eût employé les » plus belles années de sa vie à combiner » le grand et bel ouvrage qui devait en- » richir sa patrie à jamais ». Cette assertion nous paraît un peu contradictoire avec ce que le même auteur dit quelques lignes plus haut : « Guidé par son génie naturel, Riquet » supplea aux connaissances qui lui man- » quaient dans la géométrie et dans l'hy- » draulique ; il conçut et exécuta le canal

» de Languedoc sans études prélimi-
» naires (1) ».

L'histoire des sciences nous fournit, à la vérité, des exemples de quelques hommes celebres non lettrés, qui ont su se faire un nom par des inventions dans lesquelles ils n'avaient été guidés que par leur genie; mais ces découvertes, pour la plupart sont fortuites, et peuvent se présenter à l'ignorant comme au savant. Malgré cela, je demande a tout lecteur instruit s'il est possible, à soixante ans, par la seule force de son génie, de suppléer à des connaissances liées aussi essentiellement à la construction d'un chef-d'œuvre d'hydraulique? — « Que le génie » le plus heureux, dit Fontenelle, (*Eloge* » *du P. Sébastien*) pour une certaine adresse » d'exécution, pour l'invention même, ne » se flatte pas d'être en droit d'ignorer et » de mépriser les principes de théorie qui

(1) Canaux de navigation, préface, *Nota* page 1. On se demandera toujours pourquoi M. de Lalande qui, dans l'article *canal* de l'Encyclopédie, écrit en 1772, associe F. Andreossy à la gloire de Riquet, n'en parle, qu'une seule fois et incidemment, dans son histoire du canal de Languedoc publiée en 1778?... M. de Lalande nous expliquera sans doute cette anomalie.

» ne sauraient que trop bien s'en venger ». Et où ces principes et les connaissances qui en dépendent, sont-ils plus nécessaires que dans la construction d'un ouvrage de la nature du canal du Midi, où tant de parties se trouvent rassemblées, où les obstacles naissent à chaque pas, et où il faut remédier à des accidens imprévus qui déconcerteraient l'entreprise la mieux formée? « Mais après » cela, continue Fontenelle, le géomètre a » encore beaucoup à apprendre pour être » un vrai mécanicien; il faut que la con- » naissance des différentes pratiques des arts, » et cela est presque immense, lui fournisse » dans les occasions des idées et des expé- » diens, etc. ».

Aussi, quoique dans un âge où l'on ignore communément les vues de la nature, F Andreossy, loin de se reposer orgueilleusement sur son génie, sentit au contraire la nécessité d'étudier les grands modèles. Il alla donc en Italie, et parcourut le Milanez et le Padouan, deux provinces où l'on admirait déjà de très-beaux ouvrages d'hydraulique. Mais quoiqu'on ait avancé (1)

(1) Frisi, Traité des rivières et des torrens, introduction.

que les canaux navigables de l'Adda et du Tésin, que F. Andreossy avait été à même de voir dans son voyage, aient servi de modèle et de méthode au canal du Midi ; ceci ne doit s'entendre que relativement à l'application des écluses aux canaux de navigation qui est due à Léonard de Vincy : personne n'ignore d'ailleurs que les projets de cette espèce ne soient aussi différens que le site et la nature des terrains qui doivent servir à leur exécution. Le canal du Midi est le premier projet et le plus considérable qui existe en ce genre, et peut-être qu'il soit possible d'exécuter ; c'est le problême dans toute sa généralité : les canaux dérivés, et les canaux à point de partage naturel ne sont que des cas particuliers du problême général.

L'auteur de l'histoire du canal du Midi n'est pas le seul qui ait ainsi égaré l'opinion sur le véritable créateur de cet immortel ouvrage ; on a été jusqu'à l'attribuer à Vauban, comme si ce grand homme avait besoin d'un chef d'œuvre de plus pour rehausser sa gloire ! mais d'autres écrivains plus impartiaux sans doute, envisageant la question sous son véritable point de vue, ont pensé avec raison, que l'idée et l'exécution d'une pareille entreprise avaient dû regarder un homme de l'art, dont le génie et les connaissances pussent répondre du succès. En effet, un ouvrage de cette nature exige dans le projet et dans l'exécution, non seulement du génie, mais encore des connaissances très-profondes et très-variées ; il faut avoir fait une étude particulière des sciences spéculatives et de la pratique des arts. Tous les travaux sont fondés sur des opérations, des calculs, des combinaisons qui demandent des lumières sûres et une sagacité peu commune, afin d'approcher, autant qu'il est possible, de la plus grande économie et du point de perfection : il faut songer enfin qu'un ouvrage aussi vaste et d'une utilité aussi générale, qui sera exposé aux yeux de tout le monde, ne doit craindre ni la critique de son siècle, ni le jugement de la postérité. C'est donc à F. Andreossy, et non à un vieillard de soixante ans, qui n'avait point acquis jusqu'alors des connaissances positives, qu'il est naturel, qu'il est juste d'attribuer la double gloire d'avoir fait naître l'idée d'un projet utile, et tracé la route qu'on devait suivre afin de parvenir à une exécution aussi brillante que solide. Cet ouvrage est son domaine, quant au génie; il le possédait tout entier avant qu'on pût se douter des moyens qu'on employerait pour l'exécuter: il en a dirigé toutes les opérations, et surmonté tous les obstacles. L'achèvement du canal du Midi lui a coûté plus de vingt-cinq ans de travaux assidus, pendant lesquels, éloigné de Paris, et toujours occupé de l'ouvrage qui devait l'illustrer, il a ignoré, ou sans doute méprisé les moyens qu'on employait pour lui ravir sa gloire. Au contraire, à mesure que le canal de Languedoc avancait vers la fin de sa construction, la réputation de Riquet devait s'étendre. Lui-même devait avoir la confiance et prendre l'ascendant que donne a l'auteur d'une grande entreprise l'espoir du succès. Ses fréquentes apparitions a la capitale, son nom, comme entrepreneur, sans cesse répété dans les arrêts du conseil, dans les papiers publics, la perspective d'une grande fortune et l'élévation d'une famille nombreuse, tout cela devait fixer sur Riquet les yeux de la multitude et déterminer la voix de la renommée. De là cette opinion générale qui se perpétue, parce qu'on n'aime pas à la sonder, et encore moins à la combattre lorsqu'il n'y est pas déterminé par un motif bien pressant, tel que l'intérêt particulier : « on prononce sur quelques pages, » dit Bailly (1), on se forme une opinion » sur l'entretien des cercles, on parle d'a- » près les échos de la renommée, qui ne » sont pas toujours fidèles ; et la vérité de- » meure ignorée ou mal connue ». Malgré cette assertion qui, le plus souvent, n'est que trop vraie, la réputation des hommes n'est pas sujette à la prescription, et quels que soient les éloges qu'on a prodigués à Riquet, quels que soient les services de sa famille qu'on a vu se montrer à diverses époques avec éclat, dans les armes et dans la magistrature ; le tems n'a point encore placé Riquet dans cette perspective ou les hommes paraissent tels qu'ils doivent être aux yeux de la postérité. En rapprochant les deux auteurs du canal du Midi, car leurs noms sont inséparables l'un de l'autre; en les considérant, comme nous l'avons fait, sous des traits moins vagues et mieux caractérisés, il sera aisé de se convaincre que le succès de ce canal où Riquet avait paru seul comme entrepreneur, devait nécessairement tendre à faire oublier le mérite réel, et les

(1) Lettres sur les sciences, page 305.

services signalés de l'ingénieur de ce grand ouvrage, de F. Andreossy enfin, qui s'occupa pendant près de trente années, de la perfection d'un monument vraiment national, qui ne fit point sa fortune, et dont on a cherché, mais inutilement, à lui ravir la gloire!

L'histoire du canal de Bourgogne offre un exemple encore plus frappant des moyens qu'on peut employer pour arracher à l'homme de genie la palme qui lui est si bien acquise. L'auteur de ce beau projet, l'estimable M. Abeille, eut à lutter toute sa vie, contre Espinassi dont les talens furent toujours très-équivoques. Ce dernier était parvenu deux fois à se faire donner des lettres patentes pour l'exécution d'un projet qui ne lui appartenait pas. Souvent, dans l'aveugle et légère opinion des hommes irréfléchis, il balança M. Abeille; mais dans cette opinion éclairée, qui rétablit avec le tems la vérité dans ses droits, et les talens à leur place, il n'a plus occupé que celle d'un homme sans mérite. Cependant M. Abeille est mort presque ignoré, et réduit à cette profonde misère, trop souvent le partage des hommes qui ont eté vraiment utiles. M. Kéralio, dont le nom rappelle les qualités les plus essentielles, a réhabilité

sa

sa gloire (1). Il a rempli cette douce obligation avec tout le talent qui le distingue; et en attirant ainsi sur M. Abeille l'honorable mais tardive justice de la postérité, il a plaidé une cause à peu près semblable à celle que nous défendons : nous aimons à croire que le succès en sera le même, quoique l'une ait ici sur l'autre un avantage dont M. Kéralio, s'il vivait, serait le seul à ne pas convenir.

---

(1) Voyez l'Encyclopédie méthod. Art militaire, première partie, article *canal de Bourgogne*.

NOTES ET PIÈCES JUSTIFICATIVES.

NOTE PREMIERE.

Extrait des mémoires concernant la construction du canal royal de communication des deux mers Océane et Méditerranée, en Languedoc, par F. Andreossy, en 1675 (1).

PLUSIEURS raisons d'intérêt m'ayant éloigné de Paris pour me fixer en Languedoc auprès de M. de Riquet, j'eus occasion de lui parler d'un projet de canal de communication des mers pour cette province, que j'avois à peine ébauché. Cet ouvrage fut présenté à M. de Riquet en 1660, dans un tems où l'art de conduire et de conserver les eaux étoit à peine connu en France. Ce petit essai se sentant de ma trop grande jeunesse et de mon peu d'expérience, fut cependant jugé très-avantageusement par M. de Riquet; mais ne pouvant m'instruire en profitant des fautes qu'on auroit pu faire dans la conduite d'un canal exécuté, je fus obligé de devenir créateur, et mon plus grand embarras a toujours été de persuader ceux qui ne pouvoient ou ne vouloient m'entendre.

Le premier projet que j'ai fait pour joindre les deux mers, ne prouvoit seulement que la possibilité

(1) Nous garantissons l'authenticité de cette pièce; elle porte d'ailleurs en elle-même, par la manière dont elle est écrite, le cachet de la vérité.

de son exécution; il manquoit à cette idée d'enseigner les moyens d'en surmonter les obstacles.

Au commencement de l'année 1660, je fis un voyage à Lucques, en Italie, pour recueillir la succession de signora Claire Massei, femme de J. B. Andreossy, sénateur de la république de Lucques. Je parcourus avec autant de plaisir que d'intérêt, la patrie de mes ancêtres, et visitai très-attentivement tous les canaux dont ce beau pays abonde. La découverte des écluses et des retenues d'eau faite dans le quinzième siècle, et mise en pratique dans le Padouan, prépara la jonction que Léonard de Vinci fit à Milan, des deux canaux navigables de l'Adda et du Tésin. Ces modèles m'ont fourni plusieurs matériaux que je rassemblai, et qui m'ont servi pour faire le projet du canal de Languedoc, que je ne pouvois perdre de vue.

A la fin de l'année 1660, à mon retour en France, je fis part à M. de Riquet de mes observations sur les canaux que je venois de visiter; je détaillai différens ouvrages hydrauliques qui pouvoient s'adapter à toute espèce de canal de navigation. Ces observations firent impression sur M. de Riquet, et depuis ce moment il a toujours cru à la possibilité du canal de jonction des deux mers en Languedoc.

Il manquoit à M. de Riquet, pour former un projet de cette étendue, les connoissances préliminaires des mathématiques; quoique doué d'un esprit vif et fin qui le décidoit bientôt pour tout ce qui est vrai, son âge déjà fort avancé, son éducation totalement contraire au seul mot science, l ont toujours empêché de donner de son chef un projet. Mais il lui restoit le doux plaisir d'être utile à sa patrie; et c'est dans cette espérance qu'il a agi de tout son pouvoir, et mis en avant toute sa fortune pour faire réussir un projet où tout autre que lui auroit peut-être échoué.

Je m'occupai, dès aussitôt mon arrivée en Languedoc, de mon premier projet du canal, qui fut fini dans le mois de février 1664. Ce projet ne prouvoit seulement que la possibilité d'un canal de navigation; le profil désignoit la longueur qu'il devoit avoir par retenues, l'emplacement et le nombre des écluses nécessaires pour conduire les eaux du point de partage désigné à Naurouse, et que par différens nivellemens que j'avois pris, j'avois trouvé élevé de plus de 600 pieds au-dessus des deux mers. Je conduisois ce canal du côté de Toulouse, depuis le point de partage jusqu'à la rivière de Lers, que je rendois navigable sur une assez grande étendue jusqu'auprès de la Garonne; et du côté de Carcassonne, je me servais de la rivière de Fresquel, que je rendois aussi navigable jusqu'au point où j'entrois dans l'Aude, dont je diminuois la rapidité par le moyen des écluses jusqu'à Moussoulens. A ce point, j'abandonnois la rivière d'Aude pour me servir de la Robine, où j'ajoutois quelques écluses pour conserver le niveau dans les différentes retenues jusqu'à Narbonne.

Ce projet fut d'abord goûté par M. de Riquet, qui communiqua son enthousiasme à M. de Colbert, et celui-ci à son maître. On nomma en conséquence, des commissaires, des experts, des niveleurs et des arpenteurs pour procéder à la vérification des endroits par où devoit passer le canal projeté. Cette vérification fut commencée à Toulouse le 7 décembre 1664, et finie le 10 janvier 1665.

L'avis des experts fut que la possibilité du canal étoit suffisamment reconnue. Celui des commissaires étoit qu'avant d'entreprendre ce grand ouvrage, il conviendroit de tracer une rigole de deux pieds de large pour faire couler une partie des eaux du ruisseau de Sor jusqu'au point de partage situé entre Naurouse et la fontaine de la Grave; et de ce point de partage, d'une part jusqu'à Toulouse; et de l'autre, jusqu'à Narbonne.

Ce rapport, fait avec tant d'appareil, étoit plus imposant que savant, et démontra 1° que les experts avoient raison de reconnoître la possibilité d'un canal de communication; et 2° que les commissaires ne connoissoient seulement pas l'état de la question. En effet, puisque la fontaine de la Grave auprès de Naurouse, partageoit ses eaux entre l'Océan et la Méditerranée, le point de partage du canal étoit trouvé; il ne s'agissoit donc plus que de ramasser un assez grand volume d'eau des différens ruisseaux de la Montagne-Noire, et de le conduire à Naurouse pour s'assurer de la réussite du canal. De plus, la rivière de Fresquel se jetant dans l'Aude, l'essai d'une rigole depuis Naurouse jusqu'à Narbonne, étoit de toute inutilité pour prouver la possibilité du canal, attendu que le cours de ces deux rivières le prouvoit naturellement, sans avoir recours, pour s'en convaincre, à une rigole factice: de même, du côté de Toulouse, la rivière de Lers se jetant dans la Garonne, la question de savoir si Naurouse étoit plus élevé que les rivières de Lers et Fresquel, se trouvoit résolue. Ces raisons, que je présentai plus au long dans un mémoire détaillé que je remis aux commissaires, et auxquelles ils ne purent répondre, furent présentées à M. de Colbert par M. de Riquet. Il fut, en conséquence, ordonné à M. le chevalier de Clerville, commissaire général des fortifications de France, de dresser un devis des ouvrages à faire pour un canal communiquant de l'Océan à la Méditerranée dans la province de Languedoc.

Au commencement de l'année 1665, M. le chevalier de Clerville s'occupa du devis dont il étoit chargé. Il parcourut la Montagne-Noire pour s'assurer des sources d'eau qu'il étoit nécessaire de rassembler, et de conduire jusqu'à Naurouse pour alimenter le canal. Il parcourut ensuite les points par où devoit passer le canal de communication depuis Naurouse jusqu'à Toulouse, d'un côté; et jusqu'à Narbonne, de l'autre. Je l'accompagnai dans tous les endroits où j'avois désigné la route que ce canal devoit tenir suivant mon projet. Il parut si satisfait de mon idée, qu'il m'en demanda copie, et m'engagea à m'occuper du devis (1) pour savoir à peu près la somme à laquelle devoit monter ce grand ouvrage.

Mon intention étoit de ne point me défaire de mes papiers; mais j'y fus engagé par M. de Riquet, qui voyoit clairement que M. de Colbert ne vouloit entendre parler de l'exécution de ce canal qu'autant que M. le chevalier de Clerville, premier ingénieur de France, lui remettroit un devis qui démontreroit

(1) Voyez dans la note suivante ce devis, dont celui de M. de Clerville ne diffère que par quelques phrases et quelques expressions qu'il avoit changées, comme cela se pratique en pareil cas.

non seulement la possibilité, mais encore l'utilité du canal à construire.

Le projet et devis du canal que j'avois fini au commencement de l'année 1664, fut remis, en ma présence, à M. le chevalier de Clerville par M. de Riquet, en 1653, et a servi à cet ingénieur pour former son premier devis du canal de communication au commencement d'octobre 1666. Dans le rapport qu'il en fit au roi, il ne fut point fait mention de l'auteur ni de M. de Riquet. Ce défaut de mémoire pour un commissaire général qui avoit tout crédit auprès du roi et de son ministre, m'engagea à me tenir en garde contre toutes les attaques qui m'ont été faites. Je ne réclamai point mon projet, parce que, dans le fond, je le trouvois peu susceptible d'être exécuté, attendu les inconvéniens des rivières qui devoient servir de canaux sur plus des deux tiers de la longueur du canal. Je travaillai de nouveau à faire un second devis que j'entortillai de manière que la route que devoit tenir le canal fût trouvée impraticable dans l'exécution. Je jugeai que c'étoit le seul moyen de mettre en défaut les talens de M. de Clerville. M. de Riquet, après avoir approuvé mon idée, me recommanda le plus grand secret, afin d'empêcher les commissaires du roi de se mêler, en aucune manière, de ce grand ouvrage; et afin de conserver, par ce moyen, non seulement la gloire de l'invention, mais encore celle de l'exécution, s'il avoit le bonheur d'en avoir l'entreprise générale. Dès ce moment, les intérêts de M. de Riquet et les miens furent inséparables.

Il ne me restoit, pour unique ressource, qu'à faire

echouer le devis, signé *le chevalier de Clerville*. Pour y réussir, il falloit en présenter un meilleur; mais la crainte où j'étois que mon travail ne lui fût renvoyé pour en dire son avis, et qu'il ne s'appropriât le fond de mon ouvrage, fut cause que je ne pris point ce parti. Je me déterminai donc, après avoir consulté M. de Riquet, à morceler le devis général que je divisai en deux parties. La première comprenoit depuis Toulouse jusqu'à 350 toises au dessus du pont de Trèbes, et les rigoles de la Montagne-Noire, pour conduire les eaux de différens ruisseaux au point de partage. Je laissois la seconde partie depuis Trèbes jusqu'à Narbonne, à la prudence et au savoir du commissaire général, sans m'expliquer, en aucune manière, des différentes routes que j'avois déjà projetées, et qui n'étoient connues, dans ce tems, que de moi seul. Ce qui m'obligea à garder un profond silence, c'est que je savois positivement que M. de Colbert trouvoit qu'il étoit d'une absolue nécessité que tous les devis du canal fussent faits et présentés par M. de Clerville. Je fus convaincu dès ce moment, que toute la gloire de mon travail, si je le mettois au jour, seroit réservée au commissaire général, que l'entrepreneur en auroit tout le profit, et qu'il ne me resteroit, pour mon lot, que la peine de l'exécution, après en avoir démontré le premier la possibilité.

La première adjudication du canal, depuis la Garonne jusqu'à 350 toises au dessus du pont de Trèbes, sur l'Aude, fut adjugée à M. de Riquet, le 14 octobre 1666. Mon premier soin fut d'exposer un nouveau projet qui fit oublier à jamais celui de M. de Clerville.

J'établis des principes jusqu'alors inconnus en France ; je démontrai 1° que la meilleure manière d'entreprendre, avec le plus grand succès, la construction du canal de communication des mers en Languedoc, et l'unique moyen pour en venir à bout, étoit de rassembler les eaux des différens ruisseaux de la Montagne-Noire, qu'on appelle Alzau, Coudier, Cantamerle, Bernassonne, Lampy, Lampillon, Rieutort et Sor, lesquels ruisseaux se jettent partie dans la rivière d'Aude, et partie dans l'Agout.

2°. De réunir et de conduire toutes ces eaux par le moyen d'une rigole excavée une partie dans la montagne, et l'autre partie dans la plaine jusqu'à Naurouse, point de partage, et par conséquent le plus élevé du canal à construire.

3°. De faire un seul bassin dans le vallon de Laudot, au lieu appelé Saint-Ferriol, au dessus du vallon de Vaudreuille, pour tenir en réserve une assez grande quantité d eau pour fournir aux besoins de la navigation d'un canal entièrement tracé dans l'intérieur des terres, afin de pouvoir rejeter les rivières de Lers et de Fresquel, sujettes à de fréquentes inondations, et capables par conséquent d'ensabler le canal dans la plus grande partie de sa longueur, sans pouvoir le recreuser qu'avec des grappins ou pontons, ne pouvant détourner les rivières de leur cours naturel.

Nota. Ma première idée fut d'établir un magasin d'eau au vallon de Lampy ; mais après avoir comparé les volumes d'eau que devoient contenir les deux bassins de Lampy et de Saint-Ferriol, qui étoient dans le rapport de 1 à 3, Lampy fut rejeté, et il ne fut plus question que de Saint-Ferriol.

4°. De construire un canal depuis Naurouse jusqu'à la Garonne, en conservant la hauteur du terrain pour le mettre à l'abri des inondations des rivières et ruisseaux.

5°. De tracer un canal depuis Naurouse jusqu'à 350 toises au dessus du pont de Trèbes (sur l'Aude), dans l'intérieur des terres, en laissant Fresquel sur la gauche.

Tous ces moyens donnoient occasion de changer en tout ou en partie les différens points de la première adjudication de M. de Riquet, ce qui occasionna le changement de la route du canal auprès de Castelnaudary, au lieu de suivre le cours de la rivière de Fresquel, porté sur le devis; la construction du bassin de Saint-Ferriol, au lieu de 12 ou 15 réservoirs portés dans le devis, etc. Ce projet prévalut, et M. de Clerville ne fut point consulté cette fois, parce que M. de Riquet offrit à M. de Colbert d'exécuter cette idée de préférence à celle portée dans le devis, aux mêmes prix et conditions, pourvu qu'on le laissât maître de travailler selon ses connaissances, et qu'il ne fût détourné dans ses opérations par aucun commissaire qui pût l'obliger à tenir la route du premier projet, de préférence à celle qu'il venoit de présenter. M. de Colbert acquiesça à toutes les demandes faites par M. de Riquet, et dès-lors le ministre ne connut que lui seul pendant l'exécution de cette partie du canal.

En 1668, M. de Riquet sollicita avec instance M. de Colbert pour faire procéder au second devis du canal qui restoit à exécuter, depuis 350 toises au dessus du pont de Trèbes jusqu'à l'étang de Thau, sans rendre navigable la rivière d'Aude, laquelle se trouvant sujette à de grandes inondations, risqueroit de rendre le canal impraticable la plus grande partie de l'année, et sujet à un entretien trop considérable.

M. le chevalier de Clerville se rendit en conséquence à Trèbes, et parcourut les endroits par où le canal devoit passer; il désigna la route qu'il devoit tenir, dans un devis contenant 28 articles. Le canal devoit, 1° traverser la rivière d'Aude par le moyen d'une chaussée, à 350 toises au dessus du pont de Trèbes; et 2° le canal repassoit cette même rivière avec de semblables moyens, auprès du village de Puicheric.

Il étoit aussi essentiel pour moi que pour M. de Riquet, que M. de Clerville s'en tînt à cette idée, et qu'il formât son devis en conséquence, parce qu'il étoit très-aisé, en combattant ce projet, d'en présenter un meilleur et beaucoup moins dispendieux. Mais comme M. de Riquet vouloit se charger de cette entreprise à forfait depuis Trèbes jusqu'à l'étang de Thau, il accepta les conditions portées dans le devis de M. le chevalier de Clerville, avec la condition expresse de pouvoir changer la route du canal désignée par le devis, si la nécessité l'y obligeoit pendant la construction de cet ouvrage; sa proposition fut acceptée.

Il ne me restoit plus qu'à donner un projet pour la continuation du canal depuis 350 toises au dessus du pont de Trèbes, jusqu'à l'étang de Thau, sans me servir d'aucune manière de la rivière d'Aude; et de faire ensuite un état estimatif de la dépense à laquelle devoient monter ces deux projets, pour en pouvoir faire la comparaison (1).

---

(1) Voyez le tableau de comparaison des deux routes de la seconde entreprise, note 8.

NOTE II.

Sur le projet de 1664.

LE dessin du premier projet arrêté pour la jonction des deux mers dans le midi, porte le titre de *Carte pour la communication des deux mers Oceane et Méditerranée, en Languedoc*, par *F. Andreossy*, et a pour date l'année 1664. Cette carte existe en original. Suivant ce projet, le canal de jonction alloit aboutir à Narbonne, après avoir traversé la rivière d'Aude entre les villages de Sallèles et de Moussoulens. L'ancien canal des Romains, connu sous le nom de la *Robine*, conduisoit ensuite de Narbonne à l'étang de Vendres, et on communiquoit de l'étang de Vendres à la mer par le grau de la Nouvelle. Des experts et quatre géomètres, les sieurs *Andreossy* (1), *Pélafigue, Cavalier* (2) et *Bressieus* ou *Bresbius*, furent nommés pour l'examen de ce projet. On lira, note 4, l'extrait du procès-verbal de ces commissaires. Le devis estimatif du projet de 1664, est présenté de la manière suivante sur la carte de F. Andreossy : « Dépense à laquelle pourra monter le projet du » canal pour la jonction des mers, et celui de la dé-

(1) On voit que dans cette commission F. Andreossy devoit être l'homme de l'entrepreneur.

(2) Jean Cavalier, géographe du roi et contrôleur général des fortifications du Languedoc; nous ignorons ce qu'étoient Pélafigue et Bressieus ou Bresbius.

» rivation des eaux qui doivent être amenées jusqu'au
» point de partage.

» 1°. Si l'on approuve le projet du canal entre
» Toulouse et Narbonne, depuis la Garonne jusqu'au
» moulin de Farrioles, distant de Narbonne de
» 10,528 toises, afin de le mettre à l'abri des débor-
» demens qui surviennent ordinairement dans les
» plaines par lesquelles il doit être conduit, et afin
» de remédier aux grandes sinuosités de Lers, aussi
» bien que de modérer les rapidités de la riviere
» d'Aude, et d'éviter l'incommodité des rochers qui
» traversent le cours en plusieurs endroits; il faut
» compter pour la longueur du canal, depuis Tou-
» louse jusqu'au moulin de Farrioles, 86,195 toises
» courantes, suivant les mesures qui en ont été
» prises; et si l'on se contente de donner à chacune
» de ces toises de longueur 42 pieds de largeur par
» en haut, sur 8 à 9 pieds de profondeur, elle re-
» viendra à 10 toises cubes, chacune desquelles
» pourra coûter 3 liv. pour l'excavation qui s'en fera;
» et partant, chacune de ces toises reviendra à 30 liv.;
» et ainsi les 86,196 toises courantes pourront, sui-
» vant cette estimation, revenir à la somme de
» ci . . . . 2,585,850 liv.

» 2°. La rigole de dérivation qui sera faite pour
» conduire les eaux de la Montagne-Noire, contient
» depuis la rivière d'Alzau jusqu'à Naurouse, qui est
» le point de partage, 27,076 toises courantes; et
» comme il suffit de lui donner seulement 4 toises
» cubes de vuidange pour chaque toise courante,
» ces 27,076 toises reviendront à 12 liv. chacune,
» ci . . . . 324,912 liv.

» 3°. Si l'on se contente de ne faire passer par le » canal de jonction que des bâtimens semblables à » ceux qui passent ordinairement par la Garonne, » il suffira d'y faire des écluses de 15 pieds d'ouver- » ture, de 15 toises de longueur sur 18 pieds de » hauteur; la fondation comprise, l'on peut estimer » que leur construction avec celle de leurs portes » et tambours, ne doivent pas revenir à plus de » 15,000 liv. chacune; mais comme la quantité des » écluses doit être réglée sur la pente qu'il y a entre » Toulouse et Narbonne, qui est de 624 pieds, il » faudra 50 écluses, dont plusieurs seront accolées, » lesquelles monteront à la somme de.. 750,000 liv.

» 4°. Les réservoirs qui seront nécessaires pour » entretenir le canal de navigation pendant le tems » de sécheresse, peuvent se pratiquer dans les val- » lons adjacens au canal de jonction; il est certain » qu'en se servant des avantages qui se rencontrent » pour cela en plusieurs endroits près de la rigole, » l'on ne dépensera guères plus de 10,000 liv. pour » chacun de ces réservoirs, et que le nombre de 20 » pourra suffire; les frais de cette dépense ne doivent » pas monter à plus de . . . . 200,000 liv.

» 5°. On ne comprend pas toutefois l'achat des » terres, qui s'estimera selon la proportion des lieux » qui se trouveront plus propres pour ces réservoirs. » Mais comme il faut faire une estimation du fond » des terres qui pourront être occupées pour l'exca- » vation du canal de jonction, aussi bien que celles » qu'occupera la rigole de dérivation, on peut » compter sur 936 arpens ou environ, que l'un et » l'autre occuperont, tant en excavations qu'en pla-

» cement des terres qui seront rangées en digues sur
» les bords du canal, à raison de 200 liv. pour chaque
» arpent contenant 600 perches mesure de Languedoc,
» ci . . . . 211,800 liv.

» 6°. Il y a 25 moulins sur les rivieres de Lers et
» Fresquel dont il faut estimer le dédommagement,
» parce que l'eau sera ôtée aux propriétaires pour
» être transférée dans le canal; et comme ils ne
» valent guères moins de 5000 liv. l'un dans l'autre,
» l'on peut comprendre cet article pour la somme
» de 125,000 liv.

» 7°. Il y a encore quelques recensemens à faire
» dans la Robine d'Aude, quelques contre-canaux
» pour tirer, quand il sera besoin, de l'ancien lit des
» rivières les eaux superflues qui y seront jetées par
» la rigole de dérivation; il y a aussi plusieurs digues
» et chaussées de maçonnerie à faire tant pour dé-
» tourner les eaux de la Montagne-Noire, que pour
» faire un passage réglé à travers la rivière d'Aude,
» et un à travers l'Orviel; de quoi il n'est point ici
» fait état, non plus que d'un percement de mon-
» tagne de 110 toises de longueur qu'il faut ouvrir,
» parce que ces travaux ne se peuvent estimer au
» juste que dans leur construction. On ne peut pas
» mettre moins de 600,000 liv. pour cela, et pour
» plusieurs dépenses que l'on ne sauroit prévoir pré-
» sentement, et qu'il faut de toute nécessité remettre
» à la prudence de ceux qui seront préposés à la di-
» rection générale des ouvrages et dépenses du canal
» de jonction, ci . . . . 600,000 liv.

» 8°. Il y a aussi quelques ouvrages de maçonnerie
» à faire pour conduire les eaux pluviales pardessus
» la

» la rigole de dérivation aux lieux où elles tombent » des montagnes avec le plus d'impétuosité. Il y a » même quelques endroits où il sera bon de la dé- » fendre par le moyen de quelques contre-canaux; » mais comme le tout ne peut être estimé au juste » que dans son exécution, l'on peut cependant faire » état pour cet article pour la somme de 100,000 liv. ».

OBSERVATION.

« Nous ne comptons point ici les épargnes qui pour- » ront se faire par le soin que l'on prendra de se » servir, en quelques endroits, des canaux de Fres- » quel, de Lers et même de l'Aude; parce qu'il faut, » avant cela, discuter les raisons qui doivent avoir » été alléguées, ou du moins qui le seront, sur la » nécessité de tracer un canal dans les terres, plutôt » que de se servir des eaux des rivières. »

RÉCAPITULATION.

Article I.	2,585,850 liv.
II.	324,912
III	750,000
IV.	200,000
V	211,800
VI.	125,000
VII.	600,000
VIII.	100,000
Total général	4,897,562 liv.

NOTE III.

Extrait du procès-verbal tenu par les commissaires nommés, le 4 février 1664, par les états de Languedoc, pour faire faire à Toulouse et ailleurs en leur présence, les vérifications et opérations nécessaires pour la construction d'un canal à établir pour la jonction des deux mers.

L'AN 1664 et le 7 novembre, dans la ville de Toulouse, les commissaires nommés tant par le roi, que par les gens des trois états de la province de Languedoc, étant assemblés pour l'exécution de l'arrêt du conseil du 18 janvier 1663, par lequel sa majesté leur commet la vérification de la possibilité ou impossibilité d'un canal proposé pour la communication de la mer Océane avec la Méditerranée, en dresser procès-verbal et en donner leur avis, afin que le tout étant rapporté au conseil de sa majesté, il y soit ordonné ce qu'il appartiendra.

Le sieur Boyer, syndic-général de la province de Languedoc, fit sentir aux commissaires nommés la grandeur et l'importance de l'ouvrage, les avantages qu'en devoit retirer non-seulement la province de Languedoc, mais le commerce de tout le royaume : il leur dit que la jonction des deux mers n'étoit pas un projet nouveau; qu'elle avoit été entreprise sous le règne de François Ier., de Henri IV et de Louis XIII; mais que les guerres survenues à ces époques en avoient toujours empêché l'exécution; il leur fit envisager les droits qu'ils auroient à la reconnoissance nationale en effectuant cette grande entreprise, et les requit de nommer des ingénieurs, géomètres, niveleurs, arpenteurs et autres experts, pour se transporter sur les lieux et travailler, en présence de quelques-uns des commissaires, à la vérification des ouvrages.

En conséquence, il fut nommé une commission au nom du roi et à celui de la province; elle s'adjoignit les sieurs Andreossy, Pélafigue, Cavalier et Bresius, géomètres, qui furent chargés de vérifier les ouvrages suivant l'indication qui devoit leur en être faite par M. de Riquet.

Ils se rendirent tous à l'endroit où le canal devoit entrer dans la Garonne. Il fut décidé qu'il aboutiroit à 100 toises plus bas que la pointe de l'île du moulin du Bazacle, où on prit le niveau, et on traça l'alignement du canal en plantant des piquets et jalons jusqu'à la métairie dite de Raffanel.

On remonta le petit Lers jusqu'à la métairie d'Aiga, où ayant vu que cette rivière ne pouvoit servir à la navigation, il fut résolu qu'on feroit un canal depuis la métairie d'Aiga jusqu'au moulin des Jassarts.

On partit des Jassarts, en remontant la prairie, jusqu'au moulin de Montcal, près Baziège.

Le travail fut repris au moulin de Montcal, et on continua la vérification jusqu'à la fontaine de la Grave, près les pierres de Naurouse, où devoit être le point de partage. Après avoir calculé l'élévation du terrain et la longueur du toisé sur le registre des stations, il se trouva, depuis la Garonne jusqu'au point de partage, 26,299 toises de longueur, et 25 toises 3 pieds 11 pouces $\frac{1}{2}$ de pente; de là on jugea à l'œil et au niveau, la pente sensible jusqu'à la rivière d'Aude.

Il fut décidé qu'avant de s'engager à aucune autre vérification, on se transporteroit à la Montagne-Noire près Revel, d'où M. de Riquet, suivant le projet qu'il avoit présenté, prétendoit tirer l'eau nécessaire pour alimenter le canal. Les experts remontèrent vers la ville de Revel et la rivière de Sor, pour s'assurer de la quantité d'eau, et de la possibilité de la conduire au point de partage.

Cinq jours furent employés à cette opération, et le travail fut porté au pied de la Montagne-Noire, près Durfort et le moulin du Purgatoire.

A Durfort, où la rivière de Sor tombe entre deux montagnes très-élevées, la commission fit appeler les consuls, les principaux habitans et le seigneur du lieu pour savoir quelle quantité d'eau contenoit le Sor dans tous les tems de l'année; ils attestèrent que dans les mois d'août, septembre et octobre, où il est le plus bas, il diminuoit d'un tiers et jamais davantage. Etant assurée d'avoir la même quantité d'eau pendant neuf mois de l'année, elle fit ouvrir la chaussée pour donner à la rivière son cours naturel, et les experts trouvèrent 15 pouces cubes d'eau.

Après la vérification exacte des lieux par où devoit passer le canal pour porter les eaux du Sor au point de partage, on trouva 22,747 toises de longueur sur 11 de pente, depuis Naurouse jusqu'au moulin du Purgatoire; on jugea qu'il étoit possible, au moyen de cette pente, de porter les eaux au point de partage, malgré les sinuosités fréquentes qu'on devoit rencontrer en chemin.

Comme on craignoit de perdre une grande quantité de l'eau du Sor, et que M de Riquet, dans son projet, avoit en vue d'y remédier en jetant dans son lit l'eau de quelques autres rivières de la Montagne-Noire, on se rendit sur les lieux pour s'assurer de la possibilité de l'exécution. Les experts, après avoir mesuré les eaux des rivières de Rieutort, Lampy, Lampillon, Bernassonne et Alzau, se convainquirent que les obstacles qu'opposoient les sinuosités et les élévations de la montagne, n'empêcheroient point de réussir; mais qu'il faudroit construire plusieurs digues et autres ouvrages qu'ils marqueroient dans leur devis; que ces rivières donneroient autant d'eau pour le moins que le Sor, et que toutes ensemble fourniroient suffisamment à l'entretien du grand canal.

Il fut arrêté qu'on se transporteroit au pont de Conques, à l'endroit où la rivière de Fresquel s'embouche dans celle d'Aude, et que les experts vérifieroient la largeur et la profondeur de ces deux rivières.

On se rendit à Narbonne où les experts rapportèrent que la rivière d'Aude ne pouvoit servir à la navigation à cause du peu d'eau qu'elle a en tout tems, du grand nombre de rochers et de chaussées qui se trouvent dans son lit, et qu'il en coûteroit autant pour la rendre navigable, que pour faire un nouveau canal qui ne seroit pas sujet aux inondations qui, de tems à autre, ruineroient les ouvrages faits sur la rivière. S'étant embarqués au port de Narbonne, la commission et les experts furent reconnaître la Robine où ils firent sonder en plusieurs endroits. Ils sondèrent aussi, chemin faisant, le canal qui va de la Robine à l'étang de Bages; ils allèrent jusqu'à Goutetaillade, et ils entrèrent par le même étang dans le canal appelé *royal* qu'ils suivirent jusqu'à 2 ou 300 toises de la mer près le Grau de la Nouvelle. Tous les lieux par où ils passèrent furent sondés, et les experts reçurent l'ordre d'aller au port de la Franqui pour savoir par quels moyens on pourroit le rendre meilleur.

Etant à Beziers, le 3 décembre, la commission ordonna aux experts de se rendre aux étangs qui sont sur la côte pour s'assurer de la possibilité de les faire communiquer ensemble par des canaux qu'on tireroit des rivières d'Hérault et d'Orb. La réussite de cette tentative paroissoit d'autant plus facile à M. de Bezons, un des commissaires, que le principal ouvrage se trouvoit fait au moyen des brassières qui portent l'eau du Rhône dans l'étang de Pérols; il fit sentir de quel avantage cette communication seroit au commerce qui pourroit faire passer les marchandises des provinces méridionales et de l'orient à Bordeaux, et celles de l'occident à la foire de Beaucaire, sans franchir le détroit de Gibraltar et courir les risques de la mer.

Après avoir employé quatre jours à la vérification depuis l'étang de Thau jusqu'à celui de Vendres, les experts assurèrent qu'on pouvoit aisément faire un canal de la rivière d'Hérault à celle d'Orb, qui permettroit la communication des étangs, le terrain et les hauteurs étant fort à propos.

Ils retournèrent ensuite à la fontaine de la Grave,

point de partage, pour faire le mesurage des ouvrages à construire pour la conduite des eaux, depuis la fontaine de la Grave jusqu'à l'endroit où le Fresquel se jette dans l'Aude, et de là jusqu'à Narbonne.

Après cinquante et un jours de travail, ayant tout examiné et vérifié avec la plus grande exactitude, les experts rapportèrent que, depuis le point de partage jusqu'au moulin de Farrioles où le canal devoit entrer dans l'Aude; et de là jusqu'à Narbonne, ils avoient trouvé 58,936 toises de longueur sur 80 toises 9 pouces de pente.

D'après tous ces renseignemens, la commission ordonna aux experts et aux géomètres de travailler incessamment au devis des ouvrages, et de faire le plan du canal avec toutes les dimensions nécessaires, pour soumettre le tout à la décision du roi. Les experts présentèrent leur devis à la commission assemblée à Beziers le 10 janvier 1665, et le procès-verbal fut clos le 17 du même mois (1).

(1) Le procès-verbal dont nous venons de donner l'extrait, et qui étoit déposé au greffe des états de la province de Languedoc, contient environ 50 pages de grand papier *in-folio*, d'une écriture ancienne, mauvaise, et très-difficile à lire.

NOTE IV.

Sur la Carte de jonction des deux mers, publiée par F. Andreossy.

CETTE carte fut publiée au mois de novembre 1669; elle a pour titre : *Carte du canal royal.* On y a représenté le cours du canal avec celui des rivières et des ruisseaux, depuis Grenade sur les bords de la Garonne, jusqu'à Aiguemortes, et tout ce qui est nécessaire pour l'intelligence du projet Elle est ornée de gravures relatives à l'importance de l'ouvrage dont il est question. Le cartouche représente la France qui unit l'Océan à la Méditerranée, emblême du projet. C'est dans le cadre que forme cet emblême, qu'est gravée l'épître à Louis XIV que nous allons rapporter :

« Les grandes entreprises que votre majesté a si » heureusement exécutées jusques ici, soit en paix, » soit en guerre, ont acquis assez d'avantages à la » France, à l'égard des autres nations, pour la faire » passer entre elles sans contredit pour la merveille » de l'univers : le miracle, néanmoins, que V. M. » fait aujourd'hui de joindre les deux mers, sembloit » encore manquer au comble de sa gloire, puisqu'il » étoit possible; mais d'autant que cet ouvrage devoit » être un jour le prodige de l'art, il semble que le » ciel en ait voulu réserver la production à V. M., » comme au prodige de la nature, et faire remarquer, » en réservant, jusques à vous, l'accomplissement

» d'une si haute pensée, que l'honneur n'en étoit
» dû qu'à votre incomparable génie; puisqu'il n'étoit
» possible qu'à lui seul, il n'appartenoit qu'à V. M.,
» après Dieu, de disposer en souverain de cet élé-
» ment, et de lui marquer, pour ainsi dire, d'autres
» bornes que celles que la Nature lui a prescrites.
» Toutes les tentatives que les autres puissances de
» la terre en ont voulu faire, n'ont été que des preuves
» de leur foiblesse. Les Romains, les Grecs, les
» Alexandre et les César ont pu, si l'on veut, s'assu-
» jettir toute la terre; mais l'histoire fait foi que la
» moindre partie de la mer n'a jamais su souffrir
» leur domination. Jusques à vous, Sire, l'Océan
» et la Méditerranée ont toujours conservé leur
» liberté toute entière, contre toutes les entreprises
» des hommes; V. M., seule, a trouvé le secret de
» les enchaîner, mais agréablement, lorsqu'elle a
» jugé à propos de les ranger, comme sous le joug
» d'un heureux hyménée, et que votre magnificence
» royale a conçu le dessein de leur faire construire
» ce canal immense qui doit servir, comme de lit
» nuptial où se doit bientôt consommer ce grand
» mariage, le souhait de tous les siècles passés, l'éton-
» nement de tous les siècles futurs. Vos peuples,
» Sire, qui regardent cette merveille comme une
» source féconde d'une infinité de biens qui s'en doit
» répandre sur eux, dans la suite, par le commerce,
» et qui savent d'ailleurs, par expérience, que leur
» félicité fait la plus forte application, aussi bien
» que le plus digne objet de vos pensées toutes royales,
» se flattent de l'espérance d'en recueillir de grands
» fruits et d'en jouir, avec plaisir, à l'abri d'une

» si haute protection. C'est le sentiment de tous vos » sujets, c'est le sujet de tous leurs vœux; et comme » je n'en puis mieux juger que par moi-même, » V. M. me permettra, s'il lui plaît, que je l'en » assure au nom de tous, et que, pour gage de mon » zèle et de ma fidélité, en mon particulier, je mette » à ses pieds le plan que j'ai tracé de ce prodigieux » ouvrage, comme ayant eu l'honneur d'y être em- » ployé pendant tout ce travail, afin que s'il a quelque » rapport à la sublimité de ses idées, et le bonheur » de lui agréer, je puisse me vanter d'être le plus » satisfait de tous les hommes, aussi bien que d'être » de V. M. etc. »

Signé F. ANDREOSSY.

NOTE V.

Sur le manuscrit de F. Andreossy.

Il est à présumer que tous les objets relatifs au canal du Midi devoient être développés de la manière la plus intéressante dans l'ouvrage écrit en italien par l'habile ingénieur qui avoit présidé à la construction de ce canal depuis le commencement jusqu'à son entière perfection. Cet ouvrage formant un volume in-4° avec figures, étoit resté manuscrit; on le trouve compris sous le n° 16369 du catalogue des livres de la bibliothèque du maréchal d'Etrées, dont voici l'énoncé: *Descrizione del canal reale dei due mari, Oceano et Mediterraneo in Linguadocca, da Francesco Andreossy, in-4°, figure.* Ce manuscrit fut vendu à l'encan avec tous les autres livres du duc d'Etrées, et l'on n'a pu découvrir qui en est aujourd'hui possesseur. Le même manuscrit est cité dans la bibliothèque historique de la France du père Lelong qui dit, à son occasion: *Andreossy, habile mathématicien, étoit l'ingénieur de M. de Riquet, et ce fut lui qui dressa les mémoires et le plan du canal* (1).

(1) Bibliothèque historique de la France, par Jacques Lelong, prêtre de l'Oratoire. Paris, 1768, tome I, page 65.

NOTE VI.

Extraits de divers auteurs.

Extrait d'une lettre écrite par un avocat de Castelnaudary, à un de ses amis en cour, touchant la navigation générale du canal royal, du 19 *mai* 1681. *Chez Charles Robert chrétien, imprimeur du roi, de la ville et du diocèse; page* 3.

« PENDANT qu'on s'occupoit chacun de son devoir » près de son éminence le cardinal de Bonzi, et » que, d'un autre côté, le sieur Andreossy, un des » entrepreneurs et directeurs de ce canal, à la capa- » cite et à la conduite duquel est due la bonté de » partie de cet ouvrage, travailloit à débarrasser le » départ, à régler la marche des bateaux, etc. »

Extrait de la légende d'une carte ayant pour titre : Gouvernement général de Languedoc, comprenant deux géneralités, qui sont Toulouse et Montpellier, divisées par ses diocèses, par N. Bailleul, graveur géographe à Lyon, chez Daudet, grande rue Mercière.

DU CANAL ROYAL DE LANGUEDOC.

« Ce canal traverse la province de Languedoc, » et fait la jonction de la Méditerranée et de l'Océan.

» On croit que les Romains avoient eu envie de » faire cette jonction ; mais il est certain qu'on y » pensa du tems de Charlemagne. Sous les règnes de » François Ier et de Henri IV, on examina ce dessin, » et l'on trouva que l'exécution en étoit possible. » En 1604 le connétable de Montmorency fit visiter » tous les endroits où ce canal devoit être conduit. » Le cardinal de Richelieu avoit résolu l'exécution » de ce projet, mais il en fut empêché par des affaires » encore plus importantes. Louis Legrand nomma » enfin des commissaires en 1664 pour examiner de » plus près la possibilité de cette grande entreprise, et » sur leurs avis, le sieur Riquet qui étoit pour lors » directeur des fermes du Languedoc, se chargea » de l'exécution de ce canal sur les plans et sur les » mémoires du sieur Andreossy habile mathématicien. » Riquet fit travailler à ce grand ouvrage depuis l'an » 1666 jusqu'en 1680, qu'il fut conduit à son entiere » perfection. Il eut la gloire de l'achever avant sa » mort, et laissa à ses deux fils le soin d'en faire » l'épreuve en 1681.

» Andreossy avoit reconnu en prenant le niveau, » que Naurouse près de Castelnaudary étoit l'endroit » le plus élevé entre les deux mers ; il en fit le point » de partage, et y pratiqua un bassin dont on dis- » tribue les eaux par le moyen d'une écluse du côté » de l'Océan, et par le moyen d'une autre du côté » de la Méditerranée.

» On trouva de grandes difficultés dans l'exécution » de ce magnifique ouvrage : l'inégalité du terrain, » les montagnes, les rivières et les torrens qui se » rencontroient sur la route sembloient rendre ce

» projet inutile ; mais Riquet, aidé des lumières » d'Andreossy, vint à bout de tous ces obstacles, et » l'ouvrage, commencé en 1666, fut achevé en 1680, » après quatorze ans de travaux. »

Voyez en outre le grand Vocabulaire français, chez Panckouke, tome IV, page 534, article canal de Languedoc;

Le Dictionnaire géographique, historique et politique, par Expilly, tome II, page 55, article canal de Languedoc;

L'Encyclopédie, édition de Genève, article canal; le même ouvrage, article Languedoc.

Extrait d'un ouvrage italien intitulé : Loix et phénomènes, règles et usages des eaux courantes, par Bernard Zendrini, etc. Venise, 1761.

TABLE ALPHABÉTIQUE.

« Andreossy fait les projets pour la jonction des » deux mers en France, page 357.

Texte (page 357).

» Par le moyen des écluses, on a joint les mers et » conduit, pour ainsi dire, les navires sur les mon- » tagnes. Dans le fameux canal royal qui fait, en

» France, la communication des deux mers, on compte » 64 écluses.....

» Je n'ai eu d'autre objet en citant ce canal que » de faire connoître à quel point s'est élevé l'esprit » humain dans la manoeuvre et la conduite des eaux, » et jusqu'où s'est étendu la puissance de Louis XIV » pour rendre le commerce plus florissant sous son » règne. On attribue le mérite d'un si grand ouvrage » à Paul Riquet qui le fit exécuter sur les projets » du mathématicien Andreossy. Il fut commencé en » 1666 et achevé en 1680.

Extrait du traité des rivières et des torrens, par le père Frisi, article canaux de navigation, page 207.

» L'art n'a jamais été porté si loin que dans le » fameux canal de Languedoc qui forme la communication de la mer Méditerranée avec l'Océan....

» Ce grand ouvrage, projeté sous trois autres » rois, fut enfin conduit à sa perfection sous le » règne de Louis XIV par un travail de 14 ans, » et une dépense de onze millions de livres, sans » compter la dépense de deux autres millions que » coûta le rétablissement du port de Cette. Andreossy » fut celui qui en donna l'idée, et Riquet en dirigea » presque toute l'exécution; mais, quoique Riquet » fût doué d'un grand génie, il n'avoit pas assez » de lumières, ni des connoissances suffisantes pour » connoître plusieurs défauts de construction, et en » prévoir les conséquences. Le maréchal de Vauban » a remédié à tout cela, et la perfection du canal » est due à la supériorité de ses lumières ».

Bélidor, architecture hydraulique, tome IV, page 365, pense comme le père Frisi au sujet du perfectionnement du canal du Midi qu'il attribue de même à Vauban; nous discuterons dans la note suivante les assertions de ces deux auteurs.

EXTRAIT

De l'article canal, *de l'Encyclopédie méthodique ; art militaire, première partie.*

TEXTE.

« Ce monument est comparable à ce que les Romains ont tenté de plus grand. Il fut projeté en 1666 (1) et démontré possible par un grand nombre d'opérations faites sur les lieux par M. Andreossy qui travailloit par les ordres de M. Riquet.

» M. Riquet occupé de ce beau projet, parcourut les environs de Saint-Papoul et de Castelnaudary. . . . . Il n'étoit encore secondé que par un fontainier (2), nommé maître Pierre, dont les connoissances ne suffisoient pas à la grandeur de l'entreprise, et M. Riquet

OBSERVATIONS.

(1) On commença à y travailler en 1666 ; mais le projet du canal depuis Toulouse jusqu'à Narbonne, où on devoit le conduire alors, étoit fait en 1664, comme le prouve la formation de la commission nommée cette année-là, pour la vérification d'un projet dont on s'occupoit d'ailleurs depuis 1660.

(2) Anecdote puérile ; on ne formoit point aussi légèrement de grandes entreprises sous Louis XIV ; mais cette anecdote a cela de bon qu'elle tend à prouver que Riquet n'étoit point en état d'exécuter par lui-même.

TEXTE.

» eut recours (3) au sieur » Andreossy....

» Celui-ci, versé dans » les mathématiques et » dans l'hydraulique, re- » connut les vallons par » lesquels on pouvoit con- » duire et rassembler en » un même lieu, les eaux » de la Montagne-Noire; » il s'en assura d'abord par » le nivellement, ensuite » par une expérience que » M. Riquet fit à ses dé- » pens (4).

» Une des plus grandes » difficultés de cette entre- » prise étoit d'avoir, même » en été, des eaux supé- » rieures (5) au sommet » du canal et au bassin de » Naurouse, et c'est ici » que MM. Riquet et An- » dreossy ont montré le » plus d'intelligence, d'ac- » tivité et de patience ».

» Cette percée de mon- » tagne (la montagne ou, » pour parler plus exacte- » ment, la très-petite » monticule de Malpas)

OBSERVATIONS.

(3) Riquet ne pouvoit point s'adresser à d'autres personnes, puisque c'est F. Andreossy qui lui suggéra le projet dont il est question; et que celui-ci, outre ses grandes connoissances dans les mathématiques et dans l'hydraulique, se rendit en Italie, en 1660, pour y voir les canaux dérivés de l'Adda et du Tésin, et d'autres canaux du même genre.

(4) La rigole d'épreuve pour conduire les eaux depuis la Montagne Noire jusqu'au point de partage, étoit une conséquence de l'exécution du projet.

(5) Le bassin de Naurouse est, ou peut être regardé comme le sommet du canal; ou alors il eût fallu dire : *au bassin de Naurouse, et au sommet du canal,* puisque les eaux coulent du bassin dans le canal.

TEXTE.	OBSERVATIONS.
» n'étoit point dans le premier dessin (6) de MM. Riquet et Andreossy; mais comme ils avançoient leur ouvrage sans projet arrêté (7), le niveau les conduisit contre cette montagne qu'ils se résolurent à percer, pour ne pas faire un trop grand circuit.	(6) Elle ne s'y trouvoit point, parce qu'alors le projet étoit de conduire le canal à Narbonne et non à Agde. (7) Jamais projet n'a peut-être été discuté plus solemnellement et avec plus de soin: le procès-verbal des commissaires rapporté, note troisième, prouve d'ailleurs le peu d'exactitude de cette assertion.
» M. Andreossy de Luc (8), qui dirigea ce grand ouvrage, en fit graver les plans dans le dernier siècle et les dédia à Louis XIV...... On est surpris de ne pas trouver (en Languedoc) cet ouvrage, (une description complette du canal) du moins manuscrit, et de n'y pas voir la statue de MM. Riquet et Andreossy, auteurs de cette entreprise. Ce fut, du moins, ce que dit M. le maréchal de Vauban, lorsqu'il visita le canal pour la première fois ».	(8) Nous avons déjà observé ailleurs que F. Andreossy, originaire de Lucques, étoit né à Paris.

NOTE VII.

Sur un passage de l'éloge de Vauban, couronné par l'Académie française.

L'ÉLOGE de Vauban couronné par l'Académie française, en 17.., renferme une assertion qui mérite d'être relevée, parce qu'elle est absolument contraire à la vérité. On y insinue (page 30), et on dit positivement (note 36, page 84) que *le canal de Languedoc projetté par Riquet, fut dirigé par Vauban.* Tant que cette assertion n'a existé que dans un écrit polémique, nous avons pensé que cela ne tiroit point à conséquence. Mais aujourd'hui que le fait pourroit être regardé, en quelque sorte, comme consacré, par la sanction qu'il paroît avoir obtenue dans un ouvrage national, nous croyons devoir réclamer contre un passage dont il n'est pas difficile de faire sentir le peu d'exactitude.

Voici comment l'auteur de cet éloge s'exprime dans la note cotée (36) : « Le canal de Languedoc, » projetté par Riquet, mais dirigé par Vauban. On » ne doit pas omettre pour sa gloire, que, quoi- » qu'alors lieutenant général, et directeur général des » fortifications du royaume, il ne dédaigna pas de » s'occuper personnellement des moindres détails de » cet important travail. On conserve encore divers » nivellemens, et les plans, élévation et profils des » cinq bassins et des sept écluses qui forment, des

» deux côtés d'une montagne près de Beziers, cet » étonnant amphithéâtre d'eaux, tous faits et dessinés » par lui-même ». Ce dernier ouvrage, dont on donne une idée à peine reconnoissable, est l'écluse de Fonseranne qu'on n'a sûrement pas vue sur les lieux, ni sur les prétendus dessins de Vauban. Cette écluse est formée de huit bassins, ou sas accolés, et cela ne revient point au nombre dont on parle. D'ailleurs pour que *ces cinq bassins et ces sept écluses* fussent situés des deux côtés du vallon dans lequel coule la rivière d'Orb, il faudroit supposer qu'il existe entre Beziers et Agde, ou pour mieux dire, entre la rivière d'Orb et celle d'Hérault, un point de partage d'où les eaux coulent vers ces nouveaux seuils. On ignore sans doute que la rivière d'Orb alimente, par sa rive gauche, la partie du canal comprise entre Beziers et Agde, tandis qu'elle reçoit sur la rive droite les eaux qui lui sont versées par l'écluse de Fonseranne : il n'étoit donc pas possible, dans cet état de choses, de faire figurer du côté de Beziers un amphithéâtre d'eaux pareil à celui qu'on remarque sur la pente opposée. (Voyez le chap. I, page 68).

On vient de voir qu'une des preuves de l'assertion de l'auteur de l'éloge n'a pas un fondement très-solide; examinons si les autres sont aussi bien établies: Noël assure que « quoique M. de Vauban fût lieu- » tenant général et directeur général des fortifications » du royaume; il ne dédaigna pas de s'occuper per- » sonnellement des moindres détails de cet important » travail ». J'observerai d'abord que Vauban ne fut directeur général des fortifications qu'à la mort du chevalier de Clerville, arrivé en 1678, c'est-à-dire, deux ans avant que le canal fût achevé ; et il y a apparence qu'à cette époque, *les moindres détails relatifs à ce grand ouvrage* étoient bien avancés. En second lieu, si Vauban eût dirigé *personnellement* le canal de Languedoc, un officier général, un homme de sa réputation auroit correspondu directement avec les ministres. Or, si on consulte les n°s 123 et 202 des manuscrits de Colbert qui contiennent un grand nombre de pièces relatives au projet dont nous parlons, on n'y trouvera pas une seule ligne de Vauban; il n'y est question que de Clerville. Le n° 123 sur-tout, renferme les instructions données à cet ingénieur allant visiter les ouvrages ordonnés dans les provinces de Poitou, pays d'Aunis, Guienne, Languedoc et Provence. A la suite de ces instructions se trouvent un grand nombre de lettres de Clerville à Colbert, où il lui rend compte des travaux du canal de Languedoc, et des observations qu'il avoit faites en le visitant. Une nouvelle considération se joint à celle que nous venons de présenter; Vauban, comme nous l'avons dit dans le texte, chapitre III, paragraphe IV, fut chargé en 1686 de faire la visite du canal du Midi, dont la navigation étoit en vigueur depuis 1681. On connoît les témoignages éclatans qu'il rendit au mérite des auteurs de ce bel ouvrage, et les moyens qu'il indiqua pour en améliorer l'état; mais ces moyens, tels que la construction d'un plus grand nombre d'aqueducs n'étoient qu'une continuation du projet; car la réduction du nombre de ces ouvrages avoit tenu dans l'origine au manque de fonds nécessaires pour les construire.

Il paroît hors de doute, d'après ce que nous venons

de dire, que Vauban n'a eu de l'influence sur le canal du Midi, qu'après que cet ouvrage a été rendu navigable, et comme ayant eu commission expresse de le visiter et d'en rendre compte. On ne peut donc point lui attribuer la gloire d'en avoir conduit les travaux : il est, je crois, bien différent d'ajouter, même avec intelligence, quelques accessoires à un grand projet déjà terminé, ou d'en concevoir l'idée, et d'en diriger l'ensemble et les détails avec autant de profondeur que de sagacité. C'est cette supériorité de vues et d'exécution qui a fait dire à Frisi : que *l'art n'a jamais été porté si loin que dans ce fameux ouvrage* (1), et à Zendrini, qu'il *le citoit pour faire connoître jusqu'à quel point avoit pu s'élever l'esprit humain dans la conduite et la manœuvre des eaux* (2).

---

(1) Traité des rivières et des torrens, page 207.

(2) Leggi e fenomeni, regolazioni ed usi delle acque correnti, page 357.

APPENDICE.

ITINERAIRE GÉNÉRAL DU CANAL DU MIDI.

DIVISION de TOULOUSE.	DISTANCES des différens OUVRAGES qui se trouvent entre les écluses.		DISTANCES d'une ÉCLUSE à l'autre.	
	MÈTRES.	TOISES.	MÈTRES.	TOISES.
Longueur du port à l'embouchure du canal dans la Garonne................	68,1	35		
Longueur de l'écluse de Garonne, à deux bassins...	91,6	47		
De l'écluse de Garonne à celle du Béarnais............			907,8	466
De l'écluse de Garonne au pont de Granague.......	263,0	135		
Longueur du pont de Granague	7,8	4		
Du pont de Granague à l'écluse du Béarnais.......	637,0	327		
Longueur de l'écluse du Béarnais..................	52,6	27		
De l'écluse du Béarnais à l'écluse de Saint-Roch, ou des Minimes...........			907,8	466
Longueur de l'écluse de Saint-Roch, à deux bassins....	89,6	46		
De l'écluse de Saint-Roch à l'écluse de Matabiau.....			1223,3	628

DIVISION de TOULOUSE.	DISTANCES des différens OUVRAGES qui se trouvent entre les écluses.		DISTANCES d'une ÉCLUSE à l'autre.	
	MÈTRES.	TOISES.	MÈTRES.	TOISES.
De l'écluse de Saint-Roch au pont du grand chemin...	31,2	16		
Largeur du pont du grand chemin................	9,7	5		
Du pont du grand chemin à l'écluse de Matabiau.....	1182,4	607		
Longueur de l'écluse de Matabiau.................	58,4	30		
De l'écluse de Matabiau à l'écluse de Bayard......			222,1	114
Longueur de l'écluse du Bayard, à deux bassins.	93,5	48		
De l'écluse de Bayard à celle de Castanet............			13219,1	6786
De l'écluse de Bayard au pont de Guillemery.....	1665,5	855		
Largeur du pont de Guillemery.................	9,7	5		
Du pont de Guillemery au pont de Saint-Sauveur..	261,0	134		
Largeur du pont de Saint-Sauveur...............	9,7	5		
Du pont de Saint-Sauveur au pont de Madron.....	7234,9	3714		
Largeur du pont de Madron.	3,9	2		
Du pont de Madron à l'écluse de Castanet.............	4034,3	2071		
Longueur de l'écluse de Castanet, à deux bassins....				
De l'écluse de Castanet à l'écluse de Vic.........			1657,5	856

DIVISION de TOULOUSE.	DISTANCES des différens OUVRAGES qui se trouvent entre les écluses.		DISTANCES d'une ÉCLUSE à l'autre.	
	MÈTRES.	TOISES.	MÈTRES.	TOISES.
Longueur de l'écluse de Vic.	58,4	30		
De l'écluse de Vic à l'écluse de Montgiscard.........			7534,9	3868
De l'écluse de Vic au pont de Deyme..............	3461,6	1777		
Largeur du pont de Deyme.	5,8	3		
Du pont de Deyme à l'écluse de Montgiscard, à deux bassins................	4067,4	2088		
Longueur de l'écluse de Montgiscard...........	97,4	50		
De l'écluse de Montgiscard à l'écluse d'Aiguevives...			3103,2	1593
De l'écluse de Montgiscard au pont du grand chemin.	1893,5	972		
Largeur du pont du grand chemin................	91,6	47		
Du pont du grand chemin à l'écluse d'Aiguevives...	12013,3	6167		
Longueur de l'écluse d'Aiguevives, à deux bassins.	91,6	47		
De l'écluse d'Aiguevives à l'écluse du Sanglier.....			1451,2	745
Longueur de l'écluse du Sanglier, à deux bassins....	87,7	45		
De l'écluse du Sanglier à l'écluse de Négra.......			3689,2	1899
De l'écluse du Sanglier à à l'aqueduc d'Encons...	874,7	449		
De l'aqueduc d'Encons à l'écluse de Négra.......	2824,6	1450		

DIVISION de TOULOUSE.	DISTANCES des différens OUVRAGES qui se trouvent entre les écluses.		DISTANCES d'une ÉCLUSE à l'autre.	
	MÈTRES.	TOISES.	MÈTRES.	TOISES.
Longueur de l'écluse de Négra	55,6	28		
De l'écluse de Négra à l'écluse de Laval			4412,2	2265
De l'écluse de Négra à la Tesanque	1505,8	773		
De la Tesanque à la Borde neuve	350,7	180		
De la Borde neuve à l'écluse de Laval	2555,8	1312		
Longueur de l'écluse de Laval, à deux bassins	95,4	49		
De l'écluse de Laval à l'écluse de Gardouch			1361,7	699
De l'écluse de Laval à l'aqueduc de Gardigeol	2925,9	1502		
De l'aqueduc de Gardigeol à l'écluse de Gardouch	383,8	197		
Longueur de l'écluse de Gardouch	54,6	28		
De l'écluse de Gardouch à l'écluse de Renneville			5023,9	2579
De l'écluse de Gardouch au pont de Lers	2828,4	1452		
Longueur du pont de Lers	38,9	20		
Du pont de Lers à l'écluse de Renneville	2156,4	1107		
Longueur de l'écluse de Renneville	58,4	30		
De l'écluse de Renneville à l'écluse d'Encassan			2826,0	1451

DIVISION de TOULOUSE.	DISTANCES des différens OUVRAGES qui se trouvent entre les écluses.		DISTANCES d'une ÉCLUSE à l'autre.	
	MÈTRES.	TOISES.	MÈTRES.	TOISES.
Longueur de l'écluse d'Encassan, à deux bassins...	81,0	42		
De l'écluse d'Encassan à l'écluse d'Enbourrel.....	52,0	27		
De l'écluse d'Enbourrel à l'écluse de Montferran..			4147	2128
De l'écluse d'Enbourrel au pont de Maraval.......	1975,0	1014		
Largeur du pont de Maraval.	15,0	8		
Du pont de Maraval à l'écluse de Montferran.....	2154,9	1106		
Longueur de l'écluse de Montferran.................	56,4	29		
De l'écluse de Montferran à l'ecluse du Médecin.....			5384,2	2764
De l'écluse de Montferran à la rigole de l'Océan...	79,9	41		
De la rigole de l'Océan à celle de la Méditerranée......	397,3	204		
Le bassin de Naurouse est octogone; il a de pourtour.	1059,8	544		
De la rigole de la Méditerranée au pont de Ségala..	1786,3	917		
Largeur du pont de Ségala..	3,9	2		
Du pont de Ségala à l'écluse du Médecin............	2922,0	1500		
Long. de l'écluse du Médecin.	58,4	30		
De l'écluse du Médecin à l'écluse du Roc.........			712,9	366
Longueur de l'écluse du Roc, à deux bassins.........	91,6	47		

DIVISION de CASTELNAUDARY.	DISTANCES des différens OUVRAGES qui se trouvent entre les écluses.		DISTANCES d'une ÉCLUSE à l'autre.	
	MÈTRES.	TOISES.	MÈTRES.	TOISES.
De l'écluse du Roc à l'écluse de Laurens.............			1164,9	598
Longueur de l'écluse de Laurens, à trois bassins.....	134,4	69		
De l'écluse de Laurens à à l'écluse de la Domergue.			1094,8	562
Longueur de l'écluse de la Domergue.............	56,0	26		
De l'écluse de la Domergue à l'écluse de la Planque..			1184,3	608
Longueur de l'écluse de la Planque	58,4	30		
De l'écluse de la Planque à l'écluse de Saint-Roch...			4433,2	2276
De l'écluse de la Planque au pont près du bureau, à Castelnaudary	3790,8	1946		
Du pont près le bureau au pont de Catelnaudary....	576,6	296		
Du pont de Castelnaudary à l'écluse de Saint-Roch....	66,2	34		
Longueur de l'écluse de Saint-Roch, à quatre bassins...	167,6	86		
De l'écluse de Saint-Roch à l'écluse de Gay.........			1472,7	756
Longueur de l'écluse de Gay, à deux bassins	91,6	47		
De l'écluse de Gay à l'écluse du Vivier..............			1519,3	781
Longueur de l'écluse du Vivier, à trois bassins.....	134,4	69		

DIVISION de CASTELNAUDARY.	DISTANCES des différens OUVRAGES qui se trouvent entre les écluses.		DISTANCES d'une ÉCLUSE à l'autre.	
	MÈTRES.	TOISES.	MÈTRES.	TOISES.
De l'écluse du Vivier à l'écluse de Guillermin.....			364,2	127
Longueur de l'écluse de Guillermin................	52,6	27		
De l'écluse de Guillermin à l'écluse de Saint-Sernin..			364,2	275
Longueur de l'écluse de Saint-Sernin................	52,6	27		
De l'écluse de Saint-Sernin à l'écluse de Guerre....			874,1	459
Longueur de l'écluse de Guerre................	52,6	27		
De l'écluse de Guerre à l'écluse de la Peiruque....			1048	538
Longueur de l'écluse de la Peiruque	52,6	27		
De l'écluse de la Peiruque à l'écluse de la Criminelle.			455,9	234
Longueur de l'écluse de la Criminelle..............	52,6	27		
De l'écluse de la Criminelle à celle de Treboul.......			1457,1	748
Longueur de l'éc. de Treboul.	52,6	27		
De l'écluse de Treboul à l'écluse de Villepinte.......			3746	1923
De l'écluse de Treboul à l'aqueduc de Mezuran	1314,9	675		
De l'aqueduc de Mezuran à l'écluse de Villepinte....	2431,1	1248		
Longueur de l'écluse de Villepinte	54,6	28		

DIVISION de CASTELNAUDARY.	DISTANCES des différens OUVRAGES qui se trouvent entre les écluses.		DISTANCES d'une ÉCLUSE à l'autre.	
	MÈTRES.	TOISES.	MÈTRES.	TOISES.
De l'écluse de Villepinte à l'écluse de Sauzens			1696,7	871
Longueur de l'écluse de Sauzens....................	52,6	27		
De l'écluse de Sauzens à l'écluse de Bram..........			1159	595
Longueur de l'écluse de Bram.	52,6	27		
De l'écluse de Bram à l'écluse de Beteille.............			5506,9	2827
De l'écluse de Bram au pont de Bram................	617,6	317		
Du pont de Bram à l'aqueduc de Rebenty.........	2762,2	1418		
De l'aqueduc de Rebenty à l'écluse de Beteille......	2127,2	1092		
Longueur de l'écluse de Beteille	52,6	27		
De l'écluse de Beteille à l'écluse de Villeseque......			8255,7	4238
De l'écluse de Beteille à l'épanchoir de Villeseque...	4928,4	2530		
De l'épanchoir de Villeseque à l'écluse de Villeseque...	3327,2	1708		
Longueur de l'écluse de Villeseque	52,6	27		
DIVISION DE TRÈBES.				
De l'écluse de Villeseque à l'écluse de Lalande......			4823,6	2527 ½

DIVISION de TRÈBES.	DISTANCES des différens OUVRAGES qui se trouvent entre les écluses.		DISTANCES d'une ÉCLUSE à l'autre.	
	MÈTRES.	TOISES.	MÈTRES.	TOISES.
De l'écluse de Villeseque au pont du grand chemin, près de Sauzens.............	672	345		
Largeur du pont du grand chemin................	6,9	3 ½		
Du pont du grand chemin près de Sauzens à l'écluse de Lalande.............	4244,7	2179		
Longueur de l'écluse de Lalande, à deux bassins...	91,6	47		
De l'écluse de Lalande à l'écluse d'Arminis.........			222	114
Longueur de l'écl. d'Arminis.	52,6	27		
De l'écluse d'Arminis à l'écluse de la Douce........			1309	672
Long. de l'écluse de la Douce.	52,6	27		
De l'écluse de la Douce à l'écluse de Foucaut.....			1671,4	858
Longueur de l'écluse de Foucaut, à trois bassins......	122,8	63		
De l'écluse de Foucaut à l'écluse de Villaudy.......			3414,9	1753
De l'écluse de Foucaut au pont du grand chemin près le bureau de Foucaut....	473,4	243		
Largeur du pont du grand chemin................	7,8	4		
Du pont du grand chemin à l'écluse de Villaudy.....	1180,4	1506		
Longueur de l'écluse de Villaudy, à deux bassins...	85,8	44		

DIVISION de TRÈBES.	DISTANCES des différens OUVRAGES. qui se trouvent entre les écluses.		DISTANCES d'une ÉCLUSE à l'autre.	
	MÈTRES.	TOISES.	MÈTRES.	TOISES.
De l'écluse de Villaudy à l'écluse de Fresquel.....			1383	710
De l'écluse de Villaudy au pont de Vilailles........	442,1	227		
Largeur du pont de Vilailles.	5,9	3		
Du pont de Vilailles à l'écluse de Fresquel.......	935	480		
Longueur de l'écluse de Fresquel..................	52,6	27		
De l'écluse de Fresquel à l'écluse de l'Evêque.....			3707	1903
De l'écluse de Fresquel à la chaussée de Fresquel....	315,6	162		
Longueur de la chaussée de Fresquel	130,6	67		
Largeur du pont de Conques qui tient à la chaussée de Fresquel...............	5,9	3		
Du pont de Conques au pont de Baffis...............	1320,8	678		
Largeur du pont de Baffis...	3,9	2		
Du pont de Baffis à l'écluse de l'Evêque............	1930,4	991		
Longueur de l'écluse de l'Evêque	52,6	27		
De l'écluse de l'Evêque à l'écluse de Villedubert...			717	368
Longueur de l'écluse de Villedubert...............	52,6	27		
De l'écluse de Villedubert à l'écluse de Trèbes......			4429,8	2274

DIVISION de TRÈBES.	DISTANCES des différens OUVRAGES qui se trouvent entre les écluses.		DISTANCES d'une ÉCLUSE à l'autre.	
	MÈTRES.	TOISES.	MÈTRES.	TOISES.
De l'écluse de Villedubert aux rochers de Dejean...	1161	596		
Long. des rochers de Dejean.	200,7	103		
Des rochers de Dejean au pont de la Rode.......	1399,7	718 ½		
Largeur du pont de la Rode.	3,9	2		
Du pont de la Rode au pont d'Orviel..............	399,3	205		
Longueur du pont d'Orviel.	66,2	34		
Du pont d'Orviel au pont de Trèbes...............	565,6	290 ½		
Largeur du pont de Trèbes.	6,9	3 ½		
Du pont de Trèbes à l'écluse de Trèbes..............	625,3	321		
Longueur de l'écluse de Trèbes, à trois bassins......	124,7	64		
De l'écluse de Trèbes à l'écluse de Marseillette....			9527,7	4091
De l'écluse de Trèbes à Saint-Julien................	1012,9	520		
De Saint Julien au pont de Millepetit.............	2045,4	1050		
Du pont de Millepetit au pont de Millegrand.....	1275,9	655		
Du pont de Millegrand à l'épanchoir des rochers de Marseillette............	3535,3	1820		
De l'épanchoir au pont du grand chemin..........	668,1	343		
Largeur du pont du grand chemin...............	6,9	3 ½		

DIVISION de TRÈBES.	DISTANCES des différens OUVRAGES qui se trouvent entre les écluses.		DISTANCES d'une ÉCLUSE à l'autre.	
	MÈTRES.	TOISES.	MÈTRES.	TOISES.
Du pont du grand chemin à l'écluse de Marseillette..	974,0	500		
Longueur de l'écluse de Marseillette................	52,6	27		
De l'écluse de Marseillette à celle de Fonfile.........			3311,6	1700
Longueur de l'écluse de Fonfile, à trois bassins......	124,7	64		
De l'écluse de Fonfile à celle de Saint-Martin........			1151,2	591
Longueur de l'écluse de Saint-Martin, à deux bassins..	91,6	47		
De l'écluse de Saint-Martin à l'écluse de l'Aiguille....			1696,9	866
Longueur de l'écluse de l'Aiguille, à deux bassins...	91,6	47		
De l'écluse de l'Aiguille à celle de Puicheric.......			2945,3	1512
De l'écluse de l'Aiguille à l'aqueduc de l'Aiguille...	188,9	97		
Largeur de l'aqueduc de l'Aiguille.................	27,2	14		
De l'aqueduc de l'Aiguille au pont de Rieux..........	1423,0	730 ½		
Largeur du pont de Rieux..	4,9	2 ½		
Du pont de Rieux à l'écluse de Puicheric...........	1301,2	668		
Longueur de l'écluse de Puicheric, à deux bassins...	91,6	47		
De l'écluse de Puicheric à celle de Jouarre........			6099,1	3131

DIVISION de TRÈBES.	DISTANCES des différens OUVRAGES qui se trouvent entre les écluses.		DISTANCES d'une ÉCLUSE à l'autre.	
	MÈTRES.	TOISES.	MÈTRES.	TOISES.
De l'écluse de Puicheric à l'aqueduc de Ribassel....	2849,9	1463		
De l'aqueduc de Ribassel à l'aqueduc d'Argendouble.	1211,7	622		
De l'aqueduc d'Argendouble au logis de la Redorte...	239,6	123		
Du logis de la Redorte à l'écluse de Jouarre........	1798,0	923		
Longueur de l'écluse de Jouarre................	52,6	27		
DIVISION DU SOMAIL.				
De l'écluse de Jouarre à l'écluse d'Homps..........			3699,2	1899
De l'écluse de Jouarre au pont de Jouarre........	948,9	482		
Largeur du pont de Jouarre.	4,9	2 ½		
Du pont de Jouarre au pont d'Homps...............	1809,6	929		
Largeur du pont d'Homps..	4,9	2 ½		
Du pont d'Homps à l'écluse d'Homps...............	940,9	483		
Longueur de l'écl. d'Homps.	52,6	27		
De l'écluse d'Homps à celle d'Ognon...............			599,9	308
Longueur de l'écluse d'Ognon, à deux bassins....	948,7	487		
De l'écluse d'Ognon à celle de Pechlaurier.........			2590,9	1330

DIVISION du SOMAIL.	DISTANCES des différens OUVRAGES qui se trouvent entre les écluses.		DISTANCES d'une ÉCLUSE à l'autre.	
	MÈTRES.	TOISES.	MÈTRES.	TOISES.
Longueur de la chaussée d'Ognon qui tient à l'écluse..	75,9	39		
De la chaussée d'Ognon au pont du grand chemin...	288,3	148		
Largeur du pont du grand chemin................	6,9	3 ½		
Du pont du grand chemin à l'aqueduc de Bassanel...	884,3	454		
De l'aqueduc de Bassanel à l'écluse de Pechlaurier...	1336,3	686		
Longueur de l'écluse de Pechlaurier, à deux bassins...	93,5	48		
De l'écluse de Pechlaurier à celle d'Argens..........			2451,6	1258 ½
De l'écluse de Pechlaurier au pont d'Argens..........	1338,2	688		
Largeur du pont d'Argens..	4,9	2 ½		
Du pont d'Argens à l'écluse d'Argens...............	1106,4	568		
Longueur de l'écl. d'Argens.	52,6	27		
De l'écluse d'Argens à l'écluse de Fonseranne.....			54472,6	27450
De l'écluse d'Argens aux rochers de Roubia......	1544,8	793		
Longueur des rochers de Roubia................	259	133		
Des rochers de Roubia au pont de Roubia........	779,2	400		
Largeur du pont de Roubia	4,9	2 ½		
Du pont de Roubia à l'épanchoir de Roubia........	155,9	80		

DIVISION du SOMAIL.	DISTANCES des différens OUVRAGES qui se trouvent entre les écluses.		DISTANCES d'une ÉCLUSE à l'autre.	
	MÈTRES.	TOISES.	MÈTRES.	TOISES.
De l'épanchoir de Roubia au pont de Paraza.........	2583,0	1326		
Largeur du pont de Paraza.	4,9	2 ½		
Du pont de Paraza au pont de Repudre............	1108,4	569		
Longueur dudit pont......	132,4	68		
Du pont de Repudre au pont de Ventenac...........	2018,1	1036		
Largeur du pont de Ventenac.................	5,9	3		
Du pont de Ventenac au pont de Saint-Nazaire..	1597,3	820		
Largeur du pont de Saint-Nazaire................	3,9	2		
Du pont de Saint-Nazaire à l'aqueduc de Saint-Nazaire.	395,4	203		
De l'aqueduc de Saint-Nazaire au logis du Somail..	2859,7	1468		
Du logis du Somail aux épanchoirs des Patiasses..	1879,9	965		
Des épanchoirs des Patiasses au pont de Cesse.......	239,6	123 ½		
Longueur du pont de Cesse.	103,2	53 ½		
Du pont de Cesse au pont du grand chemin.......	2945,3	1512		
Du pont du grand chemin au pont neuf d'Argentiers..	1480,4	760		
Du pont neuf d'Argentiers à l'aqueduc de Frenicoupe..	1719,4	780		
De l'aqueduc de Frenicoupe à l'aqueduc de Serièges...	1835,0	942		

DIVISION du SOMAIL.	DISTANCES des différens OUVRAGES. qui se trouvent entre les écluses.		DISTANCES d'une ÉCLUSE à l'autre.	
	MÈTRES.	TOISES.	MÈTRES.	TOISES.
De l'aqueduc de Serièges au pont de Pigasse.........	1618,8	831		
Du pont de Pigasse à l'aqueduc de la rivière de Quarante.	1112,6	566		
De l'aqueduc de la rivière de Quarante à l'aqueduc de Malvies................	1168,8	600		
De l'aqueduc de Malvies au pont de Malvies.........	128,6	66		
Du pont de Malvies à la Borie-Blanque............	350,7	180		
De la Borie-Blanque à l'aqueduc de Robiolas........	3046,7	1564		
De l'aqueduc de Robiolas à l'épanchoir de Lale.....	1149,3	590		
De l'épanchoir de Lale à l'aqueduc de Nostre-Seigne..	2507	1287		
De l'aqueduc de Nostre-Seigne au pont de Saisse...	940,9	483		
Largeur du pont de Saisse..	3,9	2		
Du pont de Saisse à l'aqueduc de Capestang.......	155,9	80		
De l'aqueduc de Capestang au pont de Pietat......	393,6	202		
Largeur du pont de Pietat.	3,9	2		
Du pont de Pietat à l'aqueduc de Saint-Pierre....	1344,1	690		
De l'aqueduc de Saint-Pierre à la métairie de Baboulet.	740,2	380		
De la métairie de Baboulet au pont de Trézille....	755,9	388		

Largeur

DIVISION du SOMAIL.	DISTANCES des différens OUVRAGES qui se trouvent entre les écluses.		DISTANCES d'une ÉCLUSE. à l'autre.	
	MÈTRES.	TOISES.	MÈTRES.	TOISES.
Largeur du pont de Trezille.	6,9	3 ½		
Du pont de Trezille à l'église de Poilles	2916,4	1492		
De l'église de Poilles à Regimont.................	1743,4	895		
De Regimont à l'entrée du Malpas	2222,7	1141		
DIVISION DE BEZIERS.				
Longueur de la voûte du Malpas	155,6	95		
De la sortie du Malpas au pont de Colombiers . . .	1597,3	820		
Largeur du pont de Colombiers	5,9	3		
Du pont de Colombiers au pont de la Gourgasse. . .	3481,0	1787		
Largeur du pont de la Gourgasse				
Du pont de la Gourgasse au pont du grand chemin . .	1971,3	1012		
Largeur du pont du grand chemin.	6,9	3 ½		
Du pont du grand chemin à l'écluse de Fonseranne. .	549,5	282		
Longueur de l'écluse de Fonseranne, à huit bassins. .	294,3	151		
De l'écluse de Fonseranne à l'écluse de Notre-Dame.			5152,9	354

DIVISION de BEZIERS.	DISTANCES des différens OUVRAGES qui se trouvent entre les écluses.		DISTANCES d'une ÉCLUSE à l'autre.	
	MÈTRES.	TOISES.	MÈTRES.	TOISES.
Longueur de l'écluse de Notre-Dame, à deux bassins	95,4	49		
De l'écluse de Notre-Dame à l'écluse d'Arièges. . . .			5132,9	2635
De l'écluse de Notre-Dame à la rivière d'Orb.	142,2	73		
Longueur du trajet que font les barques dans la rivière d'Orb.	825,9	434		
Des portes de défense de la rivière d'Orb jusqu'à la demi-écluse des Moulins neufs	541,6	278		
Largeur du pont de la demi-écluse	11,0	6		
De la demi-écluse des Moulins neufs à l'écluse d'Arièges.	3611,6	1854		
Longueur de l'écluse d'Arièges	54,6	28		
De l'écluse d'Arièges à l'écluse de Villeneuve. . . .			1283	659
Longueur de l'écluse de Villeneuve.	54,6	28		
De l'écluse de Villeneuve à l'écluse de Portiragnes . .			4224,3	2225
Longueur de l'écluse de Portiragnes.	54,6	28		

DIVISION D'AGDE.	DISTANCES des différens OUVRAGES qui se trouvent entre les écluses.		DISTANCES d'une ÉCLUSE à l'autre.	
	MÈTRES.	TOISES.	MÈTRES.	TOISES.
De l'écluse de Portiragnes à l'écluse ronde			12870,4	6607
De l'écluse de Portiragnes à l'ancien épanchoir de Libron.	4712,2	2419		
De l'ancien épanchoir de Libron au ruisseau de Dardaillon	4661,6	2393		
Du ruisseau de Dardaillon à l'écluse ronde	3496,7	1795		
Largeur de l'écluse ronde. .	58,4	30		
De l'écluse ronde à celle du Bagnas			4236,9	2175
Longueur du Canalet qui va de l'écluse ronde à la ville d'Agde			529,9	272
De l'écluse ronde à la rivière d'Hérault.	337,0	173		
Longueur du trajet que font les barques dans la rivière d'Hérault.	935,0	480		
De la rivière d'Hérault jusqu'à la demi-écluse du pont de Prades	635,0	326		
Largeur du pont de Prades.	4,9	2 ½		
De la demi-écluse du pont de Prades au pont de Saint-Beausile.	864,9	444		
Largeur du pont de Saint-Beausile	3,9	2		

DIVISION D'AGDE.	DISTANCES des différens OUVRAGES qui se trouvent entre les écluses.		DISTANCES d'une ÉCLUSE à l'autre.	
	MÈTRES.	TOISES.	MÈTRES.	TOISES.
Du pont de Saint-Beausile à l'écluse du Bagnas.	1455,1	748		
Longueur de l'écluse du Bagnas.	54,6	28		
De l'écluse du Bagnas à l'embouchure du canal dans l'étang de Thau.			5318	2730

RÉSUMÉ
DES ÉCLUSES
DU CANAL DU MIDI.

NOMS des ÉCLUSES.	NUMÉROS des ÉCLUSES.	NOMBRE de BASSINS.	CHUTES des ÉCLUSES.			
			m.	P.	p.	l.
Ecluse de Garonne.	1	2	,082	15	7	9
— Béarnais. . .	2	1	2,269	6	11	9
— Saint-Roch . .	3	2	3,959	12	6	0
— Matabiau . . .	4	1	1,984	6	1	4
— Bayard. . . .	5	2	4,492	13	10	0
— Castanet . . .	6	2	4,884	15	0	6
— Vic	7	1	2,070	6	4	6
— Montgiscard. .	8	2	4,465	13	9	0
— Aiguevives . .	9	2	4,397	13	6	6
— Sanglier. . . .	10	2	4,329	13	4	0
— Négra	11	1	4,077	12	6	8
— Laval	12	2	5,168	15	11	0
— Gardouch. . .	13	1	2,273	7	0	0
— Renneville . .	14	1	2,625	8	1	0
— Encassan . . .	15	2	5,019	15	5	6
— Bourrel. . . .	16	1	2,936	9	0	6
— Montferran . .	17	1	2,841	8	9	0
— Médecin . . .	18	1	2,701	8	3	10
— Roc	19	2	5,191	15	11	11
— Laurens . . .	20	3	6,532	20	1	5
— Domergue. . .	21	1	2,431	7	5	10
— Laplanque . .	22	1	2,361	7	3	3
— Saint-Roch . .	23	4	7,628	29	7	10

NOMS des ÉCLUSES.	NUMÉROS des ÉCLUSES.	NOMBRE de BASSINS.	CHUTES des ÉCLUSES.			
			m.	P.	p.	l.
Écluse de Gay. . .	24	2	5,281	16	3	2
— Vivier	25	3	6,907	21	3	3
— Guillermin . .	26	1	3,491	10	9	0
— Saint-Sernin. .	27	1	1,980	6	1	2
— Guerre	28	1	2,582	7	11	5
— la Peiruque . .	29	1	2,043	6	3	6
— la Criminelle .	30	1	3,409	10	6	0
— Tréboul. . . .	31	1	2,936	9	0	6
— Villepinte. . .	32	1	2,794	8	7	3
— Sauzens. . . .	33	1	2,485	7	7	10
— Bram.	34	1	2,516	7	9	0
— Béteille. . . .	35	1	2,336	7	2	4
— Villeseque . .	36	1	2,611	8	0	6
— Lalande. . . .	37	2	5,885	18	1	6
— Arminis. . . .	38	1	2,760	8	6	0
— la Douce . . .	39	1	2,801	8	7	6
— Foucaut . . .	40	3	6,711	20	8	0
— Villaudy . . .	41	2	4,356	13	5	0
— Fresquel . . .	42	1	2,002	6	2	0
— l'Evêque . . .	43	1	3,004	9	3	0
— Villedubert. .	44	1	2,828	8	8	6
— Trèbes	45	3	7,739	23	10	0
— Marseillette. .	46	1	3,856	11	10	6
— Fonfile	47	3	9,902	27	5	0
— Saint-Martin .	48	2	5,655	17	5	0
— l'Aiguille. . .	49	2	5,845	18	0	0
— Puicheric. . .	50	2	4,654	14	4	0
— Jouarre. . . .	51	1	3,247	10	0	0
— Homps. . . .	52	1	3,166	9	9	0
— Ognon	53	2	5,818	17	11	0
— Pechlaurier . .	54	2	4,546	14	5	0
— Argens. . . .	55	1	2,370	7	2	0
— Fonseranne . .	56	8	20,957	64	6	6
— Notre-Dame. .	57	2	2,868	8	10	0

NOMS des ÉCLUSES.	NUMÉROS des ÉCLUSES.	NOMBRE de BASSINS.	CHUTES des ÉCLUSES.			
			m.	P.	p.	l.
Écluse d'Arièges. .	58	1	2,719	8	4	6
— Villeneuve . .	59	1	2,381	7	4	0
— Portiragnes. .	60	1	1,542	4	9	0
Écluse Ronde. . .	61	1	2,138	6	7	0
— du Bagnas. . .	62	1	1,732	5	4	0
TOTAUX. . .	62	101				

DEMI-ÉCLUSES.

D'Ognon	1
Des Moulins neufs. . . .	1
De Saint-Pierre.	1
De Prades.	1
Nombre des demi-écluses .	4

Longueur totale du canal....238653m,646 (122447T.)

ÉLÉVATION du POINT de PARTAGE.	au dessus de la Garonne....	62,990 (32T. 1P. 11p.)
	au dessus de la Méditerranée	189,028 (96T. 5P. 11p.)

L'itinéraire et les chûtes des écluses que nous avons rapportés ci-dessus, proviennent de la levée de la carte du bornage faite en 1772, par ordre des ci-devant états de Languedoc.

Ces tableaux m'ont été communiqués par le C^n· Pin, ingénieur en chef du canal du Midi, aux soins et aux talens duquel cet ouvrage doit, depuis nombre d'années, son perfectionnement, sur-tout pour la partie administrative de la conduite des travaux, et pour l'aménagement des eaux.

On remarquera quelques différences entre le tableau des chûtes des écluses, et ceux de M. d'Aguesseau et de M. de Touros; le premier fait en 1684, et le second en 1728. Ces deux derniers diffèrent même entr'eux, parce que M. de Touros mesurait du fond d'une retenue à l'autre, tandis que le jésuite Morgues, mathématicien, qui assistait l'intendant d'Aguesseau dans sa visite pour la réception des ouvrages du canal, mesurait de la surface de l'eau inférieure à la surface supérieure.

CANAL DE NARBONNE.

NUMÉROS des ÉCLUSES.	DÉNOMINATIONS des ÉCLUSES.	NOMBRE de BASSINS.
1	Écluse de tête, de Cesse	1
2	——— Truillas.	1
3	——— Empale	1
4	——— Argeliers	1
5	——— Saint-Cyr.	1
6	——— Sallèles	2
7	——— du Gaillousti.	1
	ROBINE.	
1	Écluse de tête, de Moussoulens. .	1
2	——— Raonel	1
3	——— Mandirat, projetée. . .	1

TABLEAU COMPARATIF DES DEUX ROUTES DE LA SECONDE ENTREPRISE DU CANAL DES DEUX MERS EN LANGUEDOC. *Note 8e.*

État estimatif concernant la longueur du canal de communication des mers, de la seconde entreprise de M. de Riquet, commençant à Trèbes et finissant à l'étang de Thau, tant par la route nouvelle que par l'ancienne ; ensemble de la nature et qualité de terres occupées par ledit canal ; la quantité de toises cubes que chaque toise courante contient, suivant la proportion des divers talus, savoir : à raison de deux pieds et demi pour pied d'élévation de la nouvelle manière, et d'un pied et demi seulement en la manière portée dans le premier devis ; comme aussi la valeur des terres à payer aux particuliers.

DEVIS DE LA PREMIÈRE ROUTE.

SAVOIR:	TOTAL DES TOISES courantes qui sont distribuées.	ROCHERS, PIERRES et tap PIERREUX.	TOISES CUBES de ces rochers et pierres.	TUF, TAP et TERRES ARGILLEUSES.	TOISES CUBES de tuf et de tap.	TERRES MÊLÉES et ORDINAIRES.	TOISES CUBES de ces TERRES.	VALEUR des TERRES.
Depuis le passage de la rivière d'Aude, où l'on devoit entrer suivant le devis, où finissait le canal de la première entreprise, jusqu'au pont de Trèbes.	550	0	0	0	0	550	3500	1190
Depuis le pont de Trèbes jusqu'au passage de la rivière d'Aude, audevant de Puicheric. . 14118 toises. De ce passage jusqu'à l'écluse....... 400	14518	588	12584	800	13260	13330	157695	50820
Depuis l'écluse de Puicheric, où l'on prend la route ordinaire, jusqu'à la rivière d'Ognon.	5327	350	6633	1050	16001	3927	68132	18620
Depuis la rivière d'Ognon jusqu'au moulin de Roubia, où l'on quitte la route une seconde fois.	3810	500	9335	600	11408	2710	50682	13300
Depuis le moulin de Roubia jusqu'à la rivière de Cesse, vers Sallèles.	7890	150	5157	600	11628	7140	78964	27580
Depuis la rivière de Cesse jusqu'à la rivière d'Orb, en passant par l'étang de Vendres.	54275	590	7150	440	6489	53445	337464	133840
Depuis la rivière d'Orb jusqu'à l'étang de Thau, en passant par les vignes de Marseillan.	17120	0	0	0	0	17120	171200	59920
	85290	1778	38757	5490	58786	78022	827655	305270

DEVIS DE LA SECONDE ROUTE.

SAVOIR:	TOTAL DES TOISES courantes qui sont distribuées.	ROCHERS, PIERRES et tap PIERREUX.	TOISES CUBES de ces rochers et pierres.	TUF, TAP et TERRES ARGILLEUSES.	TOISES CUBES de tuf et de tap.	TERRES MÊLÉES et ORDINAIRES.	TOISES CUBES de ces TERRES.	VALEUR des TERRES.
Depuis la fin du canal de la première entreprise, jusqu'à la rivière d'Orbiel, c'est-à-dire, 350 toises au dessus du pont de Trèbes, où commence la route de la deuxième entreprise.	350	290	3685	0	0	60	975	1540
Depuis la rivière d'Orbiel jusqu'à l'écluse de Puicherie, où le canal reprend la route ordinaire, compris le tour de l'étang de Marseillette.	13329	706	32924	870	41905	11753	166486	58310
Depuis ladite écluse de Puicheric jusqu'à la rivière d'Ognon, il y a 5327t, ce qui est de l'une et l'autre route.	5327	350	7962	1050	26100	3927	68132	23310
Depuis la rivière d'Ognon jusqu'au moulin de Roubia, passant par le détroit de la Garde de Rolland, ce qui est encore de l'une et de l'autre route.	3810	500	11375	600	13875	2710	32362	16660
Depuis le moulin de Roubia jusqu'à la rivière de Cesse, 6790 toises : et il faut noter que la route nouvelle se reprend audit moulin.	6790	180	4683	680	15266	5930	64988	29680
Depuis la rivière de Cesse jusqu'à la rivière d'Orb, auprès de Beziers.	21556	3217	88230	620	14875	17719	210055	94290
Depuis la rivière d'Orb jusqu'à l'étang de Thau, en passant par un marais nommé le Bagnas.	16300	0	0	0	0	16300	163000	71260
	67462	5243	148859	3820	112019	58399	705998	295050

RÉCAPITULATION GÉNÉRALE

Des toises courantes et cubes de l'une et de l'autre route.

	PREMIÈRE ROUTE. TOISES COURANTES.	TOISES CUBES.		NOUVELLE ROUTE. TOISES COURANTES.	TOISES CUBES.	
Rochers, pierres et tap pierreux.	1778	38757	97523.	5243	148859	260878.
Tuf, tap et argille dure.	5490	58786		3820	112019	
Terres ordinaires.	78022	827635		58399	705998	
TOTAL.	85290....	925158....		67462....	966876	

Observations sur le résultat général du calcul et examen ci-contre.

Par le calcul ci-contre, il se trouve que la première route du canal de la seconde entreprise, si elle avoit été suivie, aurait été de la longueur de........ 85290 toises courantes.

Et la nouvelle route que l'on exécute, montera seulement à........ 67462.

Partant, la nouvelle route est plus courte que la première de........ 15828 toises.

Mais cet accourcissement ayant eu pour objet d'éviter le passage et les désordres de la rivière d'Aude, et les inconvéniens de l'étang de Vendres auxquels la première route engageait, a obligé l'entrepreneur à passer par des détroits indispensables, pour raison de quoi il faut percer des bouts de montagnes, et de fréquentes élévations de terrains difficiles pour se soutenir de niveau durant près de cinq lieues sans placer aucune écluse, de sorte qu'il se trouve par l'examen fait des deux routes, suivant les mémoires particuliers sur lesquels le présent état estimatif a été dressé, que la quantité de toises cubes contenues aux 85290 toises courantes du canal de la première route du devis, montereit à........ 925158 toises cubes.

Et l'excavation de 67462 toises courantes de la nouvelle entreprise monterait à........ 966876.

Partant, l'excavation de la nouvelle route excédera celle de la première route de........ 41718 toises.

Ce qui provient en partie des élévations extraordinaires des terrains et de l'augmentation de l'ouverture d'en haut du canal pour incliner les talus, comme il se pratique en la nouvelle manière du travail, ce qui augmente aussi le nombre des toises cubes dans ces grands enfoncemens.

Il reste encore à observer qu'il y a dans ce nombre de toises cubes de la nouvelle entreprise 260878 toises cubes de roc, pierres, tuf et tap, d'un travail difficile, au lieu qu'à la première entreprise, il y en a seulement pour........ 97523.

Partant, les rochers, pierres, tuf et tap, de la nouvelle route excéderont ceux de la première route du devis de la quantité de........ 163355 toises cubes.

Fait à Castelnaudary, le 10 septembre 1675.

Signé, Fs. ANDREOSSY.

The material originally positioned here is too large for reproduction in this reissue. A PDF can be downloaded from the web address given on page iv of this book, by clicking on 'Resources Available'.

NOTES

Sur la ci-devant province de Languedoc, pour faire suite à l'Itinéraire du canal du Midi.

LA ci-devant province de Languedoc comprenait tout le pays qui forme aujourd'hui les départemens de l'Ardèche, du Gard, de l'Hérault, de l'Aude, de l'Ariège, du Tarn et de la haute Garonne.

Les peuples qui l'habitaient avant l'invasion des Romains étaient appelés *Volcæ Arecomicæ* et *Tectosages*; les premiers occupaient le bas Languedoc et avaient Nîmes pour capitale; les seconds étaient établis dans la partie du haut Languedoc et avaient pour capitale Toulouse. Les peuples du Vivarais, du Velai et du Gevaudan étaient appelés: *Helvii*, *Velauni* et *Gabali*.

Le Languedoc situé à l'extrêmité méridionale de la France, arrosé par beaucoup de rivières, ayant d'ailleurs une étendue de 30 lieues de côtes, devait être, à cause de son voisinage de l'Italie, une des premières conquêtes des Romains.

Ce fut sous le second consulat de Fabius Maximus, environ 636 ans après la fondation de Rome, que les vainqueurs du monde s'emparèrent de cette province, et de tout le pays compris entre le Rhône, le Mont-Jura et la mer, auquel ils donnèrent le nom de *Gaule-Narbonnaise*. Ils trouvèrent dans cette contrée un terroir fertile qui procurait toutes les ressources pour étendre leurs conquêtes, et un climat agréable pour l'établissement de nouvelles colonies.

Ils allégèrent le joug imposé à ses habitans, en introduisant chez eux les arts dont Rome se servait pour ajouter un nouvel éclat à la gloire de ses armes. Bientôt la Gaule Narbonnaise vit s'élever sur son sol de belles villes et de superbes monumens dont les restes, échappés aux injures du tems et aux ravages des barbares, excitent encore notre admiration. C'est sur-tout Nîmes que les Romains se plurent à enrichir de beaux édifices : le temple de Diane, la Maison carrée, l'amphithéâtre des Arènes, et d'autres dont il nous reste des d ébris, attestent la magnificence de cette ville après leur invasion. Ces monumens ne furent pas les seuls dont ils dotèrent cette province ; ils creusèrent des canaux et construisirent de très-beaux chemins, parmi lesquels on doit distinguer la voie militaire, en partie conservée, et qui leur ouvrit le chemin de l'Espagne quand ils marchèrent à sa conquête.

La Gaule Narbonnaise resta sous la puissance des Romains jusqu'au règne d'Honorius. A cette époque elle fut envahie par les Goths, et reçut le nom de *Gothie*; on l'appela aussi *Septimanie.* Trois cents ans après, les Maures conquérans de l'Espagne, vinrent s'établir dans cette province; mais Charles-Martel, après les avoir défaits, les en chassa en 725. Alors le Languedoc fut gouverné par des ducs de Septimanie jusqu'en 936. Pendant l'intervalle qui sépara cette époque de l'année 1223 où Louis VIII s'en empara, il fut sous la domination des comtes de Toulouse.

En 1292, après l'extinction de la famille de ces comtes, on sépara les provinces réunies immédiatement à la couronne, en langue d'*oil* et langue d'*oc*, suivant que le mot *oui* était exprimé par *oil*, ou par *oc*. Le parlement de Paris eut la langue d'oil, et celui de Toulouse la langue d'oc. La dernière division renfermait tout le pays de la France compris entre la Dordogne, l'Océan, la Méditerranée et le Rhône; de Languedoc est dérivé *Occitanie*, nom qui a souvent été donné à cette contrée méridionale.

Il est peu de parties de la France qui offrent des sites plus agréablement variés que la ci-devant province de Languedoc. Entrecoupée de hauteurs et de plaines, presque par-tout l'œil rencontre un paysage agréable que termine un côteau riant. Des pluies abondantes y tempèrent la chaleur, et entretiennent le fertilité. Mais la portion du haut Languedoc, de Toulouse à Carcassonne, située sur l'arête qui forme la séparation des eaux entre les deux mers, se trouve, par la même raison, au point de contact de deux températures opposées; aussi les météores y sont très-fréquens; elle est souvent désolée par de grands vents, par la grêle et des orages qui détruisent en un instant les plus belles récoltes. Ces météores parcourent un cercle dont Naurouse, placé au col, est le centre, et qui a pour rayon la demi-largeur de l'arête; ils étendent donc leurs effets sur la Montagne-Noire et sur une partie des Corbières. Le voisinage des hautes montagnes des Pyrénées doit influer aussi sur les variations de la température. Ces montagnes tiennent de trop près au ci-devant Languedoc; elles offrent de trop grands objets d'étude et de contemplation, pour ne pas essayer de tracer une esquisse du riche tableau qu'elles présentent.

Les Pyrénées traversent l'Isthme compris entre le golfe de Lyon et celui de Gascogne. Elles séparent la France de l'Espagne, et forment une chaîne continue depuis Fontarabie jusqu'à Perpignan. Ramond (1) a décrit une partie de cette chaîne avec cette magie de style qui prête un intérêt de plus à la profondeur des pensées et à la finesse des observations.

La hauteur des tiges des plantes, le tems de leur floraison, quelquefois même leur seule présence, lui ont fourni des indications sur le degré d'élévation des montagnes où il les a trouvées. Il fixe l'état des glaces des Pyrénées inconnu avant lui. Il remarque la différence de l'escarpement de ces montagnes, dont la crête est beaucoup plus rapide et plus brusque du côté de l'Espagne que de celui de la France. Il entre dans des détails sur leur structure et sur leurs affections comparées à celles des Alpes. Il pense que c'est aux deux extrémités de la chaîne que le fer est répandu avec le plus de profusion; que c'est au centre et dans les parties les plus élevées que le plomb domine, et que le cuivre occupe les espaces intermédiaires; que l'or ne paraît se trouver que dans la partie orientale; que le cobalt et le zinc semblent préférer la partie centrale, etc. Les vues du savant traducteur de W. Coxe sont journellement étendues par les recherches nombreuses qu'il fait dans ces montagnes devenues le théâtre de ses découvertes.

Les hêtres et les sapins paroissent se plaire dans

(1) Observations faites dans les Pyrénées, pour servir de suite à des observations sur les Alpes, par Ramond; Paris, 1789.

les Pyrénées, dont le sol ne convient point au chêne; on y trouve des pins, mais en petite quantité. Les forêts de sapins y sont d'une très-grande étendue. Celles d'Issaux et de Pacte, qu'on exploite maintenant par la vallée d'Aspe, fournissent de belles mâtures (1). Il existe d'autres forêts de sapins près de Saint-Jean-pied-de-Port. Ce fut sous le ministère de Richelieu que l'on commença à tirer quelques mâts des Pyrénées; mais cette exploitation ne pût être considérable, parce qu'il n'y avoit ni chemins pour les tirer des forêts, ni rivières navigables pour les flotter.

Les Pyrénées possèdent des eaux thermales dont l'efficacité, pour la guérison des blessures, est bien constatée. Les plus renommées sont celles de Barèges, peu abondantes, mais qui peuvent être augmentées de celles de Sauveur et de Cauterès. Les eaux de Bagnères ont des propriétés différentes de celles de Barèges. Dans les dernières les bains et les douches sont la base du traitement, dans les autres ils n'en sont que l'accessoire. Il existe au pied des Pyrénées plusieurs sources minérales qui sont négligées, et dont on pourrait tirer un grand parti pour le soulagement de l'humanité (2).

Les habitans de Barèges, et ceux de toutes les villes situées aux débouchés des vallées, regardaient les pics qui dominaient leurs cantons comme les points

---

(1) Mémoire sur les travaux qui ont rapport à l'exploitation de la mâture dans les Pyrénées, par Leroi; Paris, 1776.

(2) Mémoire sur les eaux minérales et les monumens thermaux des Pyrénées, par A. F. Lomet, ingénieur des ponts et chaussées, (aujourd'hui adjudant général). Paris, an 3.

les plus élevés des Pyrénées; les physiciens s'étaient attachés de préférence à déterminer leur hauteur, et ils avaient reconnu l'erreur dans laquelle on était. Mais la hauteur d'aucun de ces points n'a été fixée d'une manière plus exacte que celle du pic du midi de Bigorre, qui est devenu fameux par les beaux nivellemens de Reboul et Vidal (1): Picot-Lapeyrouse a fait diverses recherches sur l'ornithologie des Pyrénées; Diétrich a présenté le tableau des mines que renferment ces montagnes (2); l'abbé Palasso en a décrit les vallées, etc.

Quelles que soient les grandes idées et les hautes conceptions que font naître l'aspect et l'examen de ces montagnes, c'est à l'estimable Darcet qu'on revient avec affection pour se rendre compte des phénomènes qu'un aussi vaste laboratoire de la nature nous présente.

La belle dissertation que ce savant nous a donnée, il y a déjà vingt-cinq ans (11 décembre 1775), sur l'histoire naturelle des Pyrénées, et sur les causes de leur dégradation depuis deux mille ans, se lit encore avec le plus grand intérêt (3).

C'est dans cet ouvrage rempli de descriptions dignes du sujet, d'expériences et de vues, qu'on se plaît à reconnaître le physicien habile dégagé de tout esprit de système. On ne peut que rappeler ses observations

---

(1) Voyez pour les détails le chapitre VII des *Observations faites dans les Pyrénées*, ouvrage cité un peu plus haut.

(2) Description des gîtes de minerai des Pyrénées, par Dietrich.

(3) De l'état actual des Pyrénées.

sur les différens états des métaux et des pierres de diverses espèces qui se trouvent dans ces montagnes. Des travaux postérieurs ont confirmé l'opinion qu'il avait que la plupart des substances existantes dans ces montagnes, seraient la source abondante de moyens nouveaux pour simplifier et perfectionner les arts les plus importans de la métallurgie, de la verrerie et de la poterie. On doit à cet homme si recommandable, la justice de dire que ses nombreuses recherches ont été constamment dirigées vers la perfection des arts; il a enrichi en outre par ses découvertes les sciences qu'il ne cesse de rendre aimables par sa manière de les professer.

Avant d'être partagé en plusieurs départemens, le Languedoc se divisait en haut et bas Languedoc. Toulouse étoit la capitale du premier.

Cette ville est très-ancienne; sa population d'environ 60,000 habitans n'est pas en proportion de son étendue qui était occupée en grande partie par des couvens d'hommes et de femmes, dont quelques-uns ont été convertis en établissemens publics : elle est aujourd'hui le chef-lieu d'une division militaire, et l'on y a établi une école d'artillerie.

Les arts et les sciences ont toujours été cultivés avec succès à Toulouse. Dans le treizième siècle les Troubadours vinrent illustrer le Languedoc. Ces pères de la poésie, qu'on a souvent appelés poëtes provençaux, n'appartenaient pas exclusivement à la Provence, mais à tout ce qui, du tems des Romains, faisait partie de la Gaule-Narbonnaise.

Réunis en société, les Troubadours formèrent une académie qui a été connue sous le nom d'académie des jeux floraux. D'abord ce ne fut qu'une association libre de sept personnes désignées par le titre de *la gaie société des sept Troubadours de Tolose.* Ils convoquaient tous les poëtes de la province, et les invitaient à un concours où l'auteur de la pièce couronnée recevait une violette d'or. Arnaud Vidal, de Castelnaudary, obtint le premier prix pour un *eirventès* en l'honneur de la vierge. Le prix décerné chaque année fut augmenté par la suite d'une églantine et d'un souci. Vers la fin du quatorzième siècle, une dame de Toulouse, Clémence Isaure, dont le nom seul nous est parvenu, légua à cette académie un fonds destiné à l'achat des trois fleurs d'or. Par reconnaissance pour cette donation, la ville de Toulouse a érigé à cette protectrice des jeux floraux une statue qu'on y voit encore, mais qui est placée ailleurs que dans la salle consacrée à la mémoire des personnages illustres de cette ville.

Ce n'était pas seulement à chanter l'amour et les héros que les Troubadours consacraient leur lyre; ils osèrent attaquer les vices d'un clergé corrompu; leurs chants influèrent sur les mœurs, en même tems qu'ils préparèrent la renaissance des lettres.

Toulouse eut en outre une académie des sciences, une académie des arts, plusieurs observatoires, un cabinet d'histoire naturelle, un amphithéâtre de chirurgie, sur la porte duquel on lit une inscription où l'on trouve ce vers heureux :

Hic locus est ubi mors gaudet succurrere vitæ.

Elle possède aujourd'hui une partie de ces établissemens.

Cette ville a produit des hommes distingués dans plus d'un genre :

Cujas, le père de la véritable jurisprudence, qu'il ne faut pas confondre avec celle des commentateurs.

Fermat, un des premiers promoteurs de la haute géométrie.

Goudoulin, qui, dans ses poésies, a manié l'idiôme languedocien avec beaucoup de grace.

Pibrac, Maynard, Palaprat, Campistron, recommandables comme hommes de lettres; Rivalz et Despax, comme peintres; Lafage, comme dessinateur.

Garipuy, père et fils, ingénieurs que nous avons eu occasion de citer.

J. F. Marcorelle, physicien laborieux et savant estimable, mort à Narbonne en 1787.

Les ouvrages d'art, qui méritent dans cette ville l'attention du voyageur, sont : la salle de l'histoire de Toulouse peinte par Pierre Rivalz, de Troy le pere, Boulogne et Jouvenet; les beaux tableaux de Despax aux Carmelites et à la Visitation, et les tableaux de la Fosse, aux Carmes.

Un beau pont sur la Garonne, et la porte du faubourg Saint-Cyprien, de l'architecture de Mansard.

Le cours de Muret, fermé d'une grille de la plus belle exécution.

Le quai de la Dorade.

L'esplanade du côté de la porte Saint-Etienne.

Au point de réunion du nouveau canal et de l'ancien, un bas relief en marbre à grandes proportions, fait par Lucas, habile sculpteur.

En se reportant ensuite à des objets et à des souvenirs moins agréables;

On voit dans l'église des ci-devant Cordeliers, le tombeau de *Duranti*, premier président du parlement de Toulouse, et victime des fureurs de la ligue.

A Saint-Etienne, la chaire où fut prêchée la croisade de Saint Bernard. La chambre de Saint-Dominique, où l'on établit l'inquisition pour la première fois; on y lit sur la porte : *Unus Deus, una fides*; maxime exclusive qui n'a pas peu contribué à allumer les torches et à aiguiser les poignards de l'affreuse intolérance.

Toulouse n'a presque point de commerce, quoiqu'elle soit située dans l'endroit le plus étroit de l'isthme, au milieu d'un pays abondant et industrieux, dans le voisinage des Pyrénées, et de deux grandes communications par terre et par eau.

La partie du canal, depuis Toulouse jusques vers Naurouse, est plantée de diverses espèces d'arbres qui rendent ses bords très-agréables : ces arbres sont les peupliers du pays, les peupliers d'Italie, les frênes, les aulnes, les ormeaux et les platanes.

La communication par le canal, entre cette ville et Castelnaudary, est établie au moyen de deux bateaux de poste qui partent tous deux le matin et arrivent le soir, l'un à Castelnaudary et l'autre à Toulouse. Négra est le point intermédiaire où dînent les voyageurs qui se servent de ces voitures d'eau.

Le pays n'offre, de Toulouse à Castelnaudary, que des plaines et des côteaux très-bien cultivés, produisant des grains de toute espèce; les arbres y sont rares, tout est sacrifié au revenu des terres.

C'est à Castelnaudary que s'arrêtent le soir les bateaux de poste venant de Toulouse et de Trèbes.

On part de là pour se rendre dans la Montagne-Noire. Nous avons vu, dans le chapitre premier, que cette montagne contient la partie savante du projet du canal du Midi; elle renferme en outre des objets dignes d'intéresser les curieux.

Il paraît d'abord certain que le plateau supérieur et la partie intérieure de la Montagne-Noire sont entièrement composés de granit; mais ce granit offre, dans ses dispositions, des formes singulières. On le trouve, auprès de Lampy, en tables présentant beaucoup de surface et très-peu d'épaisseur. En allant des Campmases à Saissac, on voit sur un espace considérable de terrain, un grand nombre de blocs irréguliers plus ou moins approchans de la forme ronde et ovoïde. La matière de ces boules, disposée en couches concentriques, est ce même granit dont nous avons parlé tout à l'heure.

On rencontre souvent dans ce granit des veines et des blocs de quartz qui sont évidemment d'une formation postérieure.

On trouve dans la Montagne-Noire des matières calcaires et argileuses, des ochres, de l'ardoise grise, de la pierre à chaux très-compacte, etc. (1).

Le chêne, le hêtre et le châtaignier viennent assez bien dans cette montagne. On y cultive le seigle et la pomme de terre; il y croît une sorte de genêt dont on se sert pour chauffer les fours; les pâturages y sont très-abondans et les troupeaux nombreux.

Il y a une papeterie au dessus de la prise d'Alzau,

---

(1) Reboul, voyage dans la Montagne-Noire, en septembre et octobre 1786, manuscrit communiqué.

une forge à la catalane dans le voisinage, et dans le vallon du Sor, plusieurs usines où l'on fabrique des ouvrages en cuivre.

En descendant de la Montagne-Noire par la gorge de Moncapel, on apperçoit au débouché de la belle plaine de Revel, la ville de Sorèze, qui possède une maison d'éducation dont l'établissement a eu lieu en 1758.

Cette école, devenue depuis si célèbre, fit dès 1760 une révolution dans l'éducation publique. L'enseignement qui, dans toutes les parties de la France, se bornoit au latin et au grec, fut étendu à Sorèze, à l'étude de la géographie, de l'histoire, des mathématiques et des langues étrangères. Ces études sérieuses étaient variées par des occupations agréables, telles que le dessin, la musique et toutes les parties de la gymnastique.

Les succès de l'école de Sorèze engagèrent le gouvernement à confier en 1776, à cet établissement, un certain nombre d'élèves de l'École militaire de Paris, et y attirèrent des diverses parties de l'Europe un grand nombre de jeunes gens dont la plupart se sont rendus ensuite recommandables. Je vois encore aujourd'hui parmi mes contemporains, Dejean et Caffarelli siéger au conseil d'état; Marcorelle, au corps législatif; Barris, au tribunal de cassation; Vallongue se distingue dans l'arme du génie; Gassendi honore le corps de l'artillerie de France, comme son nom la philosophie; Musquis et ô-Farel représentent dignement le gouvernement espagnol, l'un à Paris, l'autre à Berlin.

Et celui qui a créé cette école, qui l'a dirigée pendant vingt-cinq années avec un rare désintéressement, qui a perfectionné le système d'instruction publique, réduit jusqu'alors à une espèce de routine scholastique, Despaux, ce vénérable septuagénaire, languit à Paris dans le besoin, n'ayant d'autres ressources que le faible produit d'un pénible enseignement. Mais ce que le malheur des tems n'a pu lui enlever, c'est l'estime et la reconnaissance de ses éleves, et la douce satisfaction d'avoir procuré à sa patrie et aux divers gouvernemens de l'Europe des sujets dont ils peuvent s'honorer.

L'école de Sorèze est actuellement entre les mains des citoyens Ferlus, connus par leur goût pour les lettres, auxquels on a l'obligation d'avoir maintenu, au milieu de la tourmente révolutionnaire, un établissement qui est devenu leur propriété.

La population de Castelnaudary est d'environ 7 à 8000 habitans. Son commerce consiste principalement en grains, qu'on recueille en grande partie dans ses belles et fertiles plaines. C'est au dessous de Castelnaudary et près du ruisseau de Fresquel, que le duc de Montmorency fut blessé et fait prisonnier en 1632; on le conduisit ensuite à Toulouse, où Richelieu lui fit trancher la tête.

Castelnaudary a un chantier pour la construction des barques du canal du Midi.

La ligne de la poste passe près de la ville, et il en part divers embranchemens dont les uns vont dans les communes voisines et dans la Montagne-Noire, et les autres vers les Pyrénées.

Parmi ces derniers, le chemin de Mirepoix est le plus remarquable; il conduit au ci-devant comté de

Foix, et établit la communication avec l'Espagne et le ci-devant Roussillon, par le pays de Sault.

Le ci-devant comté de Foix contient beaucoup de mines; savoir, celles de cuivre, de plomb, de sulfures de fer, de manganèse, d'ochres, d'alun; il a aussi des argiles réfractaires au feu, et des rivières auriferes. Mais la plus grande richesse du pays consiste dans 25 mines de fer, dont une seule, celle de Rancier, située près la commune de Sem, canton de Vic-Dessos, alimente 49 forges depuis trois siècles. Cette mine extrêmement abondante, est tres-mal exploitée. La grande quan ité de forges qui y sont établies, ne se trouvent point en rapport avec les bois destinés à les alimenter; il est donc essentiel de s'occuper du repeuplement des forêts, du perfectionnement de la carbonisation des bois, etc.

Ce sont les propriétés de ces mines qui ont fait découvrir dans un tems reculé, le procédé métallurgique de les réduire immédiatement en fer pur, et de les étirer de suite en barres dans un seul foyer appelé fourneau à la catalane, sans être obligé de les convertir d'abord en fonte de fer, pour les affiner, ensuite, en fer pur ou forgé.

On se sert de trombes au lieu de soufflets pour porter le vent dans le foyer: il paraît que la manière de produire un courant d'air par la chûte de l'eau dans un tube vertical, a été pratiquée de tout tems dans ces montagnes.

Les forges de Belesta, commune au delà de Mirepoix, sont situées dans le vallon du Lers immédiatement au dessous de Fontestorbe, fontaine intermittente qui est la source principale du Lers. On rend raison du phénomène des fontaines intermittentes par le jeu des siphons. Cette explication a acquis un dégré de vraisemblance de plus depuis l'expérience en grand des déversoirs-siphons du canal du Midi. Dans le phénomène dont nous venons de parler, l'intermittence doit être occasionnée par l'épuisement du récipient, et il n'y a pas besoin d'une ventouse pour en arrêter l'effet. Voici de quelle manière lés eaux peuvent parvenir de nouveau dans le récipient. Les montagnes qui forment le vallon du Lers se terminent a pic, leurs pentes ne sont point sillonnées de ravines; mais en s'élevant dans le pays de Sault, toute la partie supérieure de la montagne du côté de Fontestorbe, est remplie d'entonnoirs ou fondrières de 10 à 12 mètres (5 à 6 toises) de diamètre, et d'autant de profondeur, qui se trouvent au bas de plusieurs pentes, et par où les eaux des pluies et des neiges pénètrent dens l'intérieur de la montagne, et vont sortir par intervalles, et en plus ou moins grand volume, au niveau du fond du vallon.

On voit au dessus de Belesta de très belles forêts de sapins. On trouve dans les environs d'excellentes argiles pour les poteries et les creusets, des eaux minérales négligées, des mines de jayet qu'on exploite sans beaucoup de soin ; les ouvrages fabriqués avec cette matière dans les communes de Pairat, Labastide et Sainte Colombe, forment une branche de commerce avec l'Espagne, etc.

Les bains d'Ussat à une demi-lieue de Tarascon, et ceux d'Ax, à deux heures au dessus, sont assez renommés dans le pays de Foix.

Ce pays a donné naissance à Bayle, ce philosophe

qui apprit à douter; Bayle *assez sage*, dit Voltaire, *assez grand pour être sans système.*

Entre Castelnaudary et Trèbes, le canal du Midi passe du vallon du Tréboul dans celui du Fresquel. Le bateau de poste parti de Castelnaudary, rencontre à Beteille, lieu de la dînée, le bateau venant du côté opposé. Le canal laisse sur sa droite, et à la distance de quelques lieues, la ville de Limoux, dont le terroir est fertile en bons vins; on y fabrique des draps et des ratines.

Limoux est dans les Corbières; ces montagnes recèlent des mines de turquoises situées à Gimont, près de cette ville.

A cinq lieues de Limoux, et à deux d'Alcth, on trouve les bains de Rennes qu'alimentent trois sources d'eaux thermales, dont la température est de 29 à 30° du thermomètre de Réaumur. Limoux a vu naître l'infortuné Fabre d'Eglantine, dont les ouvrages dramatiques font aujourd'hui les délices de Paris.

Avant d'arriver à Trèbes le canal du Midi passe à peu de distance de Carcassonne; on travaille en ce moment à une nouvelle branche qui le rapprochera de cette ville, et l'on abandonnera l'ancienne direction. Carcassonne a des fabriques de drap très-considérables qui fournissaient au Levant. Le climat propre à la culture de l'olivier commence à Carcassonne. Les plantations du canal dans cette partie consistent en mûriers, aulnes et platanes qui s'y trouvent en petite quantité, et en peupliers du pays, peupliers d'Italie, frênes et saules qui y sont très-nombreux.

Trèbes

Trèbes est le lieu de la couchée pour les bateaux de poste venant de Castelnaudary et du Somail.

L'abbé de Gua, géomètre de l'académie des sciences était né à Malves, commune située au nord de Trèbes, sur le revers méridional de la Montagne-Noire.

En s'élevant sur le même revers, un peu au nord-est, on arrive à Caunes où l'on exploite les carrières de ce beau marbre rouge marqué de grandes taches blanches, qui porte le nom de l'endroit d'où on le tire.

A 8 kilometres (4 milles) de Trèbes, le canal du Midi passe dans un défilé très-étroit, compris entre la rivière d'Aude qui coule à sa droite, et le grand étang de Marseillette situé à sa gauche; cet étang mérite d'être considéré avec soin sous les rapports des projets de desséchement.

C'est à la Redorte que le bateau de poste s'arrête pour la dînée, le troisième jour après son départ de Toulouse; le Somail est le lieu de la couchée.

On trouve, avant d'arriver au Somail, le nouveau canal de Narbonne dérivé de la grande retenue; il fait la communication du grand canal avec la rivière d'Aude, d où, par la Robine, on se rend à Narbonne, aux étangs de Peyriac et de Sijean, et à la mer par le Grau de la Nouvelle.

La ville de Narbonne étoit très-florissante sous les Romains, ils y avaient élevé plusieurs beaux édifices qui furent détruits par les Goths. Le territoire de Narbonne est situé en partie dans les Corbières. Ces montagnes sont des appendices de la chaîne des Pyrénées; elles s'y rattachent non loin de là au Canigou, devenu fameux par les opérations de Cassini. Les récoltes d'huile et de vin, ainsi que celle de la soie, sont très-abondantes aux environs de Narbonne. Le principal commerce du pays consiste en bled. Les salines de Peyriac, à quelque distance de Narbonne, du côté de la mer, donnent des sels qui sont d'un très-grand revenu.

La partie du canal entre le Somail et Beziers, ainsi que les plaines adjacentes, demandent à être examinées avec soin par ceux qui veulent étudier le tracé du canal du Midi, et les travaux relatifs aux desséchemens de terrains. En perçant la montagne de Malpas, on a tranché, sans la résoudre, la difficulté que présentait la construction du canal à ce point. L'etang de Capestang, qu'on rencontre à la droite du canal avant d'arriver au Malpas, offre un exemple de la manière dont on rend un terrain inondé propre à la culture, en y produisant des atterrissemens; et l'étang de Montadi, au nord de la même montagne fait voir comment on est parvenu à dégager un terrain des eaux qui le couvraient, en le coupant en tout sens de fossés d'écoulement.

Le bateau de poste venant de Toulouse arrive, le quatrième jour, vers midi, à la vue de Beziers; il s'arrête au haut de l'écluse de Fonseranne, et ne repart que le lendemain. Le chemin qu'on est oblige de faire pour se rendre de cette écluse à Beziers, et de là au canal d'Agde, est assez considérable. On part pour Agde à deux heures de l'après-midi, dans un bateau qui ne fait d'autre trajet que celui entre Beziers et cette ville.

Beziers a été une colonie des Romains; elle avoit

alors deux temples fameux qui furent ruinés depuis par les Goths. Charles Martel chassa, en 737, les Sarrasins de cette ville, et la ruina entièrement afin qu'elle ne pût leur servir de retraite.

Beziers est situé sur le penchant d'un côteau dont le pied est baigné par la riviere d'Orb. Son territoire est très-abondant en mûriers et en oliviers; il produit aussi du bled et du vin en assez grande quantité.

Beziers est la patrie de Riquet qui eut assez de courage de génie pour oser entreprendre le canal du Midi;

De Pelisson, homme éloquent, le seul qui, avec Lafontaine, n'abandonna point Fouquet dans sa dis grace (1).

Mairan, né dans la même ville, prit la plume de l'histoire de l'académie des sciences après Fontenelle, et ne se montra pas indigne de lui succéder.

Le pere Vannières, qui s'est fait connaître par son *Prœdium rusticum*, était aussi né à Beziers.

On trouve à Gabian, petite commune à 4 lieues nord-nord-est de cette ville, deux sources d'eaux minérales; la première est nommée la fontaine de Pétrole, parce que ses eaux portent ce bitume; la seconde la fontaine de Santé. On regarde le pétrole comme atténuant, dissolvant et fondant, et, d'après des essais analytiques, les eaux de la fontaine de Santé contiennent des principes qui les rendent laxatives, émollientes et fondantes.

Les eaux minérales chaudes des bains de la Malou, pres de Beziers, sont recommandées dans toutes les maladies qui dépendent d'un vice de transpiration.

---

(1) Voltaire.

Le canal du Midi communique à la mer par les ports d'Agde et de Cette.

Agde étoit une colonie de Marseille ; elle est placée sur la rive gauche de l'Hérault à une demi-lieue de son embouchure.

La population d'Agde est d'environ 7000 ames ; on y compte 200 marins occupés à une sorte de pêche, connue sous la dénomination de *pêche aux bœufs*, et à une autre pêche vulgairement appelée *la traîne*... En 1790, le commerce d'Agde avait 120 navires de 130 à 280 tonneaux ; les différentes circonstances de la guerre les ont réduits à 20.

Le sol d'Agde est très-fertile en grains, vins et fourrages ; cette ville a une trentaine de fabriques de verd-de-gris (oxide de cuivre). Quand la récolte des vins est abondante, on y fait beaucoup d'eau de vie. A quelque distance d'Agde, la montagne de Saint-Loup, qui domine la rade foraine de Brescou, présente le cratère d'un volcan éteint. Le sol d'Agde, dans cette partie, paroît n'être qu'un produit de ce volcan ; la pierre qu'on en extrait est extrêmement dure, et on l'emploie avec beaucoup d'avantage dans les constructions sous l'eau. Agde est l'entrepôt de la pozzolane, qu'on fait venir de Civita-Vecchia, et qu'on distribue ensuite dans les différentes divisions du canal pour les travaux ci-dessus.

Le dernier recensement des habitans de Cette en porte le nombre à 9225, parmi lesquels on compte 160 marins. On fait à Cette la pêche au bœuf, et celle de la sardine et du thon. Le territoire de cette ville ne produit que quelques vignes plantées sur la montagne qui la domine. Les habitans s'adonnent principalement à la pêche, au service des bâtimens marchands et à la fabrication des futailles.

Il n'est point d'eaux minérales sur lesquelles les savans se soient plus exercés que sur celles de Balaruc, commune située sur l'étang du Thau, à une lieue et demie de Cette, près de la grande route de Narbonne à Montpellier. Les médecins considèrent ces eaux comme utiles dans presque toutes les maladies du corps humain, principalement dans les paralysies.

Montpellier n'est pas une ville très-ancienne; elle fut établie du tems des Sarrazins, après la ruine de Maguelone. Montpellier est bâti sur un monticule dans une situation extrêmement riante; l'air y est très-sain. Son terroir abonde en huile, en vins, en bled et en plantes médicinales. Les arts, les sciences, le commerce et l'industrie ont concouru de tout tems à rendre cette ville très-florissante; elle était le lieu des séances des ci-devant états de Languedoc.

Nous avons vu que les Goths après avoir envahi la Gaule Narbonnaise y étouffèrent le goût des arts que les Romains y avaient fait naître. Les peuples de la Septimanie participèrent alors à la barbarie répandue sur toute l'Europe; mais ils furent les premiers à sortir des ténèbres de l'ignorance, et l'université de Montpellier ne contribua pas peu au progrès des lumières : on y enseignait le droit et la medecine dès le 13e siècle.

Les Arabes, vainqueurs de l'Espagne, avaient introduit dans ce royaume l'étude de la philosophie, des mathématiques et de la médecine. Ils firent diverses incursions sur les côtes de la Septimanie, et la plupart d'entr'eux se fixèrent à Montpellier à l'époque ou les princes chretiens reprenaient sur les Maures les provinces que ceux-ci étaient venus envahir. La faculté de médecine créée en 1220, puisa chez eux ses premières connaissances. En bâtissant, à côté de chaque mosquée, un collège et un hôpital, les Arabes alliaient le culte de la religion a l'étude des sciences et à l'amour de l'humanité. Leurs ouvrages, dont ils avaient eux-mêmes puisé les élémens chez les Grecs, furent traduits et commentés; et l'érudition, comme il est arrivé de tout tems, précéda l'observation. Arnaud de Villeneuve, en se débarrassant de l'imitation servile des auteurs étrangers, entrevit la perfection de son art, et y coopéra par des découvertes utiles. Les Arabes très-versés dans la connaissance des plantes et de leurs propriétés, n'étaient pas aussi habiles dans l'anatomie à laquelle ils n'avaient pu se livrer, la loi de Mahomet défendant l'attouchement des cadavres Gui de Chauliac fut le restaurateur de cet art important, et Montpellier vit s'élever dans son sein un amphithéâtre de chirurgie. Il vit également s'ériger une chaire de botanique, et se former un jardin des plantes. De cette école sont sortis les Clusius, les Bauhin, les Jussieu. Enfin, dans le 17e siècle, on y créa, pour la chimie, une chaire qui acheva de completter les études nécessaires à l'art de guérir.

Gui de Chauliac a laissé sur l'anatomie, des ouvrages qui étaient, il n'y a pas encore cent ans, les livres classiques des chirurgiens. On lui doit en outre, ainsi qu'à Raymondus de Vinario, la description très-exacte de cette peste affreuse qui fit de si grands ravages dans le 14e siècle. Chirac et Chicoyneau son gendre ont également écrit sur celle de Marseille (1). Mais celui dont nous devons attendre les lumières les plus positives sur ce terrible fléau, est sans doute le médecin en chef de l'armée d'Egypte, l'estimable Desgenettes, qui a abordé cette maladie avec un dévouement digne de la supériorité de son esprit, et de l'élévation de son caractère. Ses profondes connaissances lui serviront à lier le grand nombre de faits qu'il a recueillis, pour en tirer des résultats utiles au progrès de son art.

C'est donc aux Arabes, aujourd'hui plongés dans la barbarie, et relégués dans leurs stériles déserts, que nous devons les premiers documens de l'art de la médecine, qui se trouve réduite chez eux à des pratiques superstitieuses, et à une sorte d'empirisme. Les arts et les sciences, venus d'Orient, ne tarderont pas à se fixer de nouveau dans leur terre natale, et à rouvrir les sources de bonheur et de prospérité chez des peuples qui furent jadis si florissans.

L'université de Montpellier s'est toujours soutenue avec éclat depuis son origine; elle a produit les Hoffman, les Rivière, les Sauvages, les Astruc, les Darthés, et d'autres non moins recommandables.

Les ressources commerciales de Montpellier et des départemens méridionaux, se sont beaucoup accrues par les nouvelles découvertes chimiques, et par les établissemens auxquels elles ont donné lieu.

---

(1) Voyez sur ces détails la belle préface du médecin Lorry, éditeur des Mémoires pour servir à l'Histoire de la faculté de médecine de Montpellier, par J. Astruc. Paris, 1767.

Chaptal, habile chimiste, dirigeant les progrès de nos connaissances vers l'accroissement de nos richesses, a rendu la chimie une des sources du commerce, en faisant servir les résultats de la science au perfectionnement de la manipulation.

On lui doit d'excellens procédés sur la distillation des vins, qui, depuis Arnaud de Villeneuve, n'avait reçu que quelques améliorations presque insensibles.

Il a remplacé la pozzolane par des terres ocreuses très-abondantes dans les départemens méridionaux;

Naturalisé la barille d'Espagne dont on a tiré de la soude de même qualité que celle d'Alicante;

Employé le premier des substances volcaniques dans la verrerie;

Composé avec la lessive des cendres des foyers un savon excellent pour fouler les étoffes.

Il a établi à Montpellier un grand attelier de produits chimiques, à l'instar duquel Marseille s'est empressée de former le sien.

Il a répandu les lumières de la chimie dans le midi, où cette science était en quelque sorte inconnue, et le commerce en a déjà tiré les plus grands avantages.

Les observations si judicieuses que Chaptal vient de publier le premier, sur *le retard de nos progrès dans les arts*, ajoutent à sa réputation de savant distingué et d'administrateur habile, celle d'un véritable homme d'état.

La ville de Montpellier qui doit un si grand éclat à la médecine dont elle a été le berceau, et aux autres sciences qui s'y développèrent de bonne heure, reçoit une autre espèce d'illustration des personnages célèbres qu'elle a vu naître.

On distingue parmi eux, l'infortunée Constance Cezelli, femme de Barri, qui brava, dans Leucate qu'elle défendait, les efforts réunis de la Ligue et de l'Espagne, et que son héroïsme priva d'un époux immolé à la rage atroce des barbares assiégeans.

Olivier de Serres, auteur modeste et trop peu connu d'un excellent ouvrage sur l'agriculture, qui quoique du seizième siècle, est encore le seul livre vraiment élémentaire que nous ayons sur le premier des arts utiles.

Sébastien Bourdon, peintre célèbre, à qui nous devons des chef-d'œuvres qui lui assignent un des premiers rangs parmi les peintres de l'école française.

Les Muses pleurent encore Roucher, le vertueux auteur du poëme des mois, et l'une des plus intéressantes victimes d'un tribunal de sang.

Enfin, Montpellier se glorifiera d'avoir donné le jour à ce magistrat qui, dès sa jeunesse, se fit un nom dans la législation, et en devint l'oracle à la tribune des assemblées nationales : une sagesse supérieure, une série croissante de services constamment utiles, l'ont tiré de l'obscurité philosophique où il vivait dans l'exercice de ses talens, pour l'élever à la seconde dignité de la République.

La partie des Cevennes qui s'élève au nord de Montpellier est peuplée de chênes qui peuvent donner des bois courbes pour la marine ; on élève dans ces montagnes beaucoup de bétail.

Nîmes est célèbre par ses précieuses antiquités, et par son industrieuse population.

Lodève a des manufactures renommées de draps et de chapeaux, et l'on fabrique à Gange les plus beaux bas de soie.

Ce pays a vu naître le généreux d'Assas, le Décius français, et madame Viot, *qui a rendu trois noms célèbres* (1). A Nîmes, le célèbre antiquaire Séguier a soulevé le voile dont le tems avait enveloppé les époques et les circonstances de la construction des monumens romains : plus loin, dans la vallée du Gardon, la musette de Florian a charmé les ombres d'Estelle et de Némorin.

Les montagnes des Cevennes sont fameuses par les guerres des religionnaires. La révocation de l'édit de Nantes, si funeste à la France, eut des résultats encore plus cruels pour le ci-devant Languedoc, où les protestans se trouvaient en grand nombre. La plupart d'entr'eux se réfugièrent dans ces montagnes, et la persécution leur mit les armes à la main; le maréchal de Villars, envoyé pour les réduire, se vit obligé de traiter avec Cavalier, leur chef. La tolérance dans les idées politiques et religieuses, peut seule éteindre les vieilles haines, et procurer un bonheur durable, en faisant naître, pour tous, les jours prospères de concorde et de liberté.

---

(1) Décade Philosophique.

TABLE

DES MATIÈRES.

NOTES ET PIÈCES JUSTIFICATIVES.

ERRATA.

Page xxv, ligne pénultième ; *sostegne*, lisez *sostegno.*

xl	14 ; à plus de 200m, *lisez* à près de 200^{m}.
58	16 ; dans Fresquel, *lisez* dans le Fresquel.
63	11 et 12 ; de Fresquel et d'Aude, *lisez* du Fresquel et de l'Aude.
63	20 ; la pointe de partage, *lisez* le point de partage.
95	14 et 15 ; 61^{m},618 (31^{t} 3^{p} 9^{p}) *lisez* 62^{m},990 (32^{t} 1^{p} 11^{p}).
96	22 ; recreusemens, *lisez* curemens.
139	12 ; note 5, *lisez* note 7.
144	15 ; au dessus, *lisez* au dessous.
144	26 ; est de, *lisez* est à.
145	6 ; hauteur, *lisez* largeur.
145	7 ; largeur, *lisez* hauteur.
150	à la note ; première, *lis.* troisième.
152	18 ; Riquet, *lisez* Niquet.
160	11 ; chapitre suivant, *lisez* chapitre V.
161	8 ; Séjean, *lisez par-tout* Sijean.
186	17 ; saillit, *lisez* saille.
193	7 ; à $10^{kil.}$, *lisez* $10^{kil.}$
205	7 ; ne pouvaient pas être, *lisez* ne pouvaient être.
211	20 ; dans, *lisez* au dessus de
276	11 ; toises, *lisez* toisés.
276	20 ; pouvait, *lisez* on pouvait.
280	27 ; 90000, *lisez* 30000.
289	24 ; après le mot plantations, mettez une virgule.
300	18 ; de ces moyens, *lisez* de ses moyens.
325	pénultième ; 7 décembre, *lis.* 7 novembre.
336	12 ; recensemens, *lisez* recreusemens.
381	7 ; ^{m},082, *lisez* 5^{m},082.

Printed in the United States
By Bookmasters